W0066238

Claudia Brüchert
Allgemeine und Anorganische Chemie-Skript

Claudia Brüchert

Allgemeine und Anorganische Chemie-Skript

Claudia Brüchert, Oberasbach

Mit 44 Abbildungen und 21 Tabellen

 Lösungen zu den Übungsaufgaben unter
www.Online-PlusBase.de

Deutscher
Apotheker Verlag

Zuschriften an
lektorat@dav-medien.de

Anschrift der Autorin
Claudia Brüchert
Finkenweg 16
90522 Oberasbach

Alle Angaben in diesem Werk wurden sorgfältig geprüft. Dennoch können die Autorin und der Verlag keine Gewähr für deren Richtigkeit übernehmen.

Ein Markenzeichen kann markenrechtlich geschützt sein, auch wenn ein Hinweis auf etwa bestehende Schutzrechte fehlt.

Bibliografische Information der Deutschen Nationalbibliothek
Die Deutsche Nationalbibliothek verzeichnet diese Publikation in der Deutschen Nationalbibliografie; detaillierte bibliografische Daten sind im Internet unter https://portal.dnb.de abrufbar.

Jede Verwertung des Werkes außerhalb der Grenzen des Urheberrechtsgesetzes ist unzulässig und strafbar. Das gilt insbesondere für Übersetzungen, Nachdrucke, Mikroverfilmungen oder vergleichbare Verfahren sowie für die Speicherung in Datenverarbeitungsanlagen.

1. Auflage 2017
ISBN 978-3-7692-6915-4

© 2017 Deutscher Apotheker Verlag
Birkenwaldstraße 44, 70191 Stuttgart
www.deutscher-apotheker-verlag.de

Printed in Germany

Satz: primustype Hurler GmbH, Notzingen
Druck und Bindung: W. Kohlhammer Druckerei GmbH & Co. KG, Stuttgart
Umschlagabbildung: 118809375/adobestock
Umschlaggestaltung: deblik, Berlin

Vorwort

Liebe PTA-Schüler und liebe Lehrer,
das vorliegende Skript soll kein Lehrbuch sein, sondern eine Unterstützung, die die im Unterricht behandelten Inhalte nochmal erklärt und wichtige Fakten und Gesetze der Chemie kurz darstellt. Dies soll möglichst anschaulich und einfach geschehen, ohne dabei die fachliche Korrektheit zu verlieren.

Aufgegriffen wurden die Inhalte aus den Lehrplänen der Bundesländer, trotzdem besteht kein Anspruch auf allumfassende Vollständigkeit. Jeder Lehrer wird seinen Unterricht anders gestalten und andere Schwerpunkte setzen.

Die enthaltenen Aufgaben (mit Lösungen zum Download unter www.Online-PlusBase.de) sollen einerseits einfache Wiederholungen des Stoffes der Kapitel sein. Zum anderen aber auch zum Nachdenken und zur Problemlösung anregen. Vielleicht verliert der ein oder andere dadurch auch seine – leider so häufig vorhandene – Abneigung gegen eines der schönsten Fächer der Welt, die Chemie. Für alle mit einer leichten Phobie vor Naturwissenschaften sei gesagt: Chemie ist auch nur eine Sprache, lediglich die Vokabeln sehen etwas anders aus.

Bedanken möchte ich mich hier auch bei meinen Lehrern, die mir schon vor langer Zeit gezeigt haben, wie schön und doch einfach dieses Fach ist. So wie bei meinem Mann und meinen Kindern, die stets tapfer ertragen, wenn ich mich gerade nicht vom Schreibtisch trennen kann oder mal wieder kleine chemische Versuche in der Küche starten muss.

Mein Dank gilt auch dem Deutschen Apotheker Verlag für die Umsetzung dieses Skriptes und im Besonderen Frau Kisser und Herrn Dr. Kersebohm für die freundliche Betreuung.

Ich wünsche allen Lesern viel Spaß im Unterricht und bei der Durcharbeitung des Skriptes.

Oberasbach, im Sommer 2017 Claudia Brüchert

Inhaltsverzeichnis

Abkürzungsverzeichnis

A_r	Relative Atommasse
DAC	Deutscher Arzneimittel-Codex
δ^+	Positive Teilladung
δ^-	Negative Teilladung
°dH	Grad deutscher Härte
EN	Elektronegativität
HG	Hauptgruppe
IUPAC	International Union of Pure and Applied Chemistry
m	Masse
M	Molare Masse
M_r	Relative Molekülmasse
MWG	Massenwirkungsgesetz
n	Stoffmenge
NG	Nebengruppe
NRF	Neues Rezeptur-Formularium
OZ	Oxidationszahl
Ph. Eur.	Pharmacopoea Europaea (Europäisches Arzneibuch)
PSE	Periodensystem der Elemente
Sdp.	Siedepunkt
Smp.	Schmelzpunkt
u	Atomare Masseneinheit
V	Volumen
V_m	Molares Volumen
V_{mn}	Molares Normalvolumen

1 Grundlagen und Begriffe

1.1 Warum überhaupt Chemie?

„Igitt Chemie!" oder „Ich brauch doch keine Chemie.", so denken viele, aber wir haben ständig mit chemischen Vorgängen zu tun, die allerdings wenig mit der Vorstellung der Giftküche gemeinsam haben, die bei dem Begriff Chemie in unseren Köpfen auftaucht. Bereits bevor wir aufstehen, laufen in unserem Körper chemische Reaktionen ab. Und im Verlauf eines Tage nutzen wir viele chemische Prozesse.

Beispiele sind die Atmung, eine Verbrennung im Automotor oder der Heizung. Auch die Braunfärbung von Brot oder Kuchen beim Backen beruht auf einer chemischen Reaktion. Im pharmazeutischen Bereich können chemische Prozesse dazu führen, dass Arzneimittel **instabil** werden oder ihr Wirkung **verlieren**.

Überlegen Sie, welchen weiteren chemischen Reaktionen Sie heute schon begegnet sind.

1.2 Chemie oder Physik?

Worin besteht der Unterschied zwischen chemischen und physikalischen Vorgängen?
Bei physikalischen Vorgängen ändert sich der Zustand eines Stoffes. Der Stoff selbst bleibt aber erhalten. Zum Beispiel wird flüssiges Wasser durch Verdunsten gasförmig.
Bei chemischen Vorgängen entstehen durch Neukombination von kleinen Teilchen neue Stoffe. Diese können völlig andere Eigenschaften haben als die Ausgangstoffe. Bei der Atmung wird aus Zucker und Sauerstoff Kohlenstoffdioxid und Wasser.

■ MERKE Chemie: beschäftigt sich mit den Stoffen, deren Eigenschaften und Aufbau und den **Stoffänderungen**.
Physik: beschäftigt sich mit der Erklärung von Naturphänomenen. Bei den Stoffen untersucht die Physik die **Zustandsänderungen**.

1.3 Stoffe

In der Chemie sind mit dem Begriff „Stoffe" Substanzen gemeint, die durch bestimmte, charakteristische Eigenschaften zu erkennen sind. Solche Eigenschaften können sein: Farbe, Geruch, Aggregatszustand, Härte, Löslichkeit und vieles mehr.
Deshalb können die verschiedenen Stoffe auch sehr unterschiedlich aussehen. Bei einigen erkennt man schon mit bloßem Auge, dass sie jedoch aus mehreren verschiedenartigen Stoffen bestehen. Daher unterteilt man die Stoffe in zwei Gruppen: Gemenge und Reinstoffe.

1.3.1 Gemenge

= Mischung aus mehreren Reinstoffen

Ein Gemenge besteht aus mehreren vermischten Reinstoffen. Die einzelnen Stoffe lassen sich dabei ohne chemische Reaktionen wieder voneinander trennen. So lässt sich ein Gemenge aus Sand und Wasser durch Filtrieren wieder trennen.

Die Eigenschaften der Mischung hängen vom Mengenverhältnis der einzelnen Bestandteile ab. Stellen Sie sich hierzu einen Kuchen vor, bei dem bei der Herstellung des Teiges (Gemenge) die Mengen an Salz und Zucker vertauscht wurden.

Homogene Gemenge

= Gemenge, die aus nur einer Phase bestehen

Darunter versteht man Gemenge, bei denen man nicht sofort sieht, dass sie aus verschiedenen Stoffen bestehen, da sie scheinbar völlig einheitlich sind. Wenn Sie eine Lösung betrachten, sehen Sie eine gleichmäßige, oft farblose Flüssigkeit. Beim Durchlesen der Zusammensetzung auf der Verpackung fällt aber auf, dass viele verschiedene Stoffe enthalten sind. Finden Sie Beispiele für homogene Gemenge!

Heterogene Gemenge

= Gemenge, die aus mehreren Phasen bestehen

Bei diesen Gemischen sieht man, dass sie aus verschiedenen Stoffen bestehen. Manchmal reichen dazu die Augen alleine aber nicht aus. Dann muss man ein Lichtmikroskop zur Hilfe nehmen. Finden Sie Beispiele für heterogene Gemenge!

1.3.2 Reinstoffe

= bestehen aus gleichartigen Teilchen (Atomen, Ionen oder Molekülen)

Reinstoffe bestehen im Gegensatz zu Gemengen aus lauter gleichartigen Teilchen. Deshalb sind ihre Eigenschaften bei einer bestimmten Temperatur und einem bestimmten Druck auch stets gleich, da es kein Mischungsverhältnis gibt, das die Eigenschaften ändern könnte. Die Art der Teilchen kann von Reinstoff zu Reinstoff sehr verschieden sein.

Auch im Arzneibuch werden bei den verschiedenen Reinstoffen jeweils typische Eigenschaften geprüft. Diese können zum Beispiel sein: Geruch, Geschmack, Löslichkeit, Brennbarkeit, Schmelzpunkt, Siedepunkt usw. Finden Sie Beispiele für Reinstoffe!

Elemente

= Grundstoffe, die nur eine Atomart enthalten

Als chemische Elemente bezeichnet man Reinstoffe, die sich mit chemischen Methoden nicht weiter zerlegen lassen. Eine Aufstellung der Elemente ist im Periodensystem zu finden. Näheres zum Periodensystem steht in ▶ Kap. 3.

Elemente lassen sich noch weiter in Metalle und Nichtmetalle unterteilen (▶ Kap. 3.1.3). Metalle finden sich im Periodensystem links von einer gedachten Diagonale zwischen Bor B und Astat At. Nichtmetalle befinden sich rechts von dieser Linie. Zwischen diesen beiden Gruppen befindet sich ein Übergangsbereich, die sogenannten Halbmetalle, die sowohl Eigenschaften von Metallen als auch von Nichtmetallen aufweisen.

Verbindungen

= Reinstoffe, die durch chemische Reaktionen in Elemente zerlegt werden können

Die Eigenschaften einer Verbindung unterscheiden sich in der Regel grundlegend von denen der einzelnen Grundstoffe, aus welchen sie besteht.

Der Aufbau der Verbindung, also ihre genaue Zusammensetzung, wird durch die Molekülformel (z. B. HCl, H_2O) oder die Verhältnisformel (bei Salzen, z. B. NaCl) ausgedrückt. Verbindungen können also molekular oder ionisch sein.

Verbindungen lassen sich in **organische** und **anorganische** Verbindungen unterteilen. Organische Verbindungen enthalten immer Kohlenstoff (C). Anorganische Verbindungen enthalten in der Regel keinen Kohlenstoff, allerdings werden einige einfache Verbindungen, die Kohlenstoff enthalten, als anorganisch einsortiert.

Organisch		**Anorganisch**	
Ethanol	C_2H_5OH	Wasser	H_2O
Glucose	$C_6H_{12}O_6$	Kochsalz	NaCl
		aber:	
		Kohlensäure	H_2CO_3
		Kohlenstoffmonoxid	CO
		Kohlenstoffdioxid	CO_2

Allgemeiner Zusammenhang zwischen Verbindung und Elementen:

$$\text{Verbindung} \underset{\text{Synthese}}{\overset{\text{Analyse}}{\rightleftarrows}} \text{verschiedene Elemente}$$

1.4　Weitere Begriffe

1.4.1　Atome

Atome sind ungeladen und werden wie das Elementsymbol im PSE geschrieben, z. B. **Cu** für **Kupfer**, C für **Kohlenstoff**.
Zum Aufbau von Atomen ▸ Kap. 2.

= das kleinste Teilchen eines Elements, das noch alle chemischen Eigenschaften des Elements besitzt

1.4.2　Moleküle

Moleküle bestehen aus zwei oder mehr Atomen. Sie können ungeladen sein, aber es kann sich auch um Radikale, Ionen oder Komplexteilchen handeln (siehe unten). In Molekülen sind Atome durch Atombindungen verknüpft.

= ungeladener Verband aus Atomen, die durch Atombindungen verbunden sind

Beispiele: Wasser H_2O, Kohlenstoffdioxid CO_2.

H_2O bedeutet, dass zwei Wasserstoffatome (H) mit einem Sauerstoffatom (O) zu einem Wasserteilchen verknüpft sind.

= Einzelbestandteile von Verbindungen oder molekular vorkommenden Elementen

> ■ MERKE Einige Elemente kommen molekular vor. Sie bestehen aus zwei gleichartigen Atomen.
> Diese Elemente haben die Elementsymbole H, N, O, F, Cl, Br und I.

1.4.3　Weitere Teilchenarten

Neben den ungeladenen Atomen und Molekülen gibt es noch weitere Teilchenarten:
- **Einfache Ionen**
  - Sie entstehen durch Elektronenabgabe oder -aufnahme von Atomen.
  - Sie haben eine Ladung, die oben rechts an das Elementsymbol geschrieben wird.
- **Komplex- und Molekülionen**
  - Sie bestehen aus mehreren Atomen und haben eine Ladung (SO_4^{2-} bzw. CH_3COO^-).
- **Radikale**
  - Atome oder Moleküle mit einem ungepaarten Elektron.
  - Schreibweise mit einem Punkt neben der Formel.
  - Sie entstehen durch starke Energiezufuhr und sind sehr reaktiv ($HO\cdot$).

Aufgaben zu Kapitel 1

1. Welche der folgenden Vorgänge sind chemisch, welche physikalisch?

Suchen Sie noch weitere Beispiele!

	Chemisch	Physikalisch
■ Umwandlung von Eis zu Wasser	☐	☐
■ Umwandlung von Grillkohle zu Asche	☐	☐
■ Auflösen von Zucker in Wasser	☐	☐
■ Auflösen von Kalkablagerungen mit Essig	☐	☐

2. Zu den homogenen Gemengen gehören echte Lösungen, Gasgemische, Flüssigkeitsgemische, Feststoffgemische und Legierungen. Ordnen Sie die folgenden Stoffgemische den einzelnen Gruppen zu:

- Messing   _____

- Ethanol 70 %   _____

- Glas   _____

- Zuckerwasser   _____

- Luft   _____

- Bronze   _____

- Leitungswasser   _____

- Isopropanol-Wasser   _____

- Salzwasser   _____

3. Ordnen Sie die Bezeichnungen für verschiedene heterogene Gemenge in die Tabelle ein. Phase 1 soll dabei in Phase 2 verteilt sein: Nebel, Rauch, Emulsion, Suspension, Schaum, Schaumstoff.

Phase 1 \ Phase 2	in fest	in flüssig	in gasförmig
fest	Feststoffgemisch		
flüssig			
gasförmig			

a) Welche Kästchen bleiben leer?

_____

b) Warum?

_____

4. Überlegen Sie zu einigen Stoffgemischen aus Aufgabe 2 und 3, wie sich diese trennen lassen.

5. Finden Sie zu den Gemengen aus Aufgabe 2 und 3 pharmazeutische Beispiele.

6. Suchen Sie zu den Formelzeichen die Namen der Elemente heraus und ordnen Sie die Stoffe als Metall bzw. Nichtmetall zu:

Formelzeichen	Name des Elements	Metall	Nichtmetall
Fe		☐	☐
Au		☐	☐
Ag		☐	☐
H_2		☐	☐
O_2		☐	☐
Mn		☐	☐
S		☐	☐
He		☐	☐
Al		☐	☐
N_2		☐	☐
Cl_2		☐	☐
Zn		☐	☐

7. Wasser lässt sich durch Elektrolyse in Wasserstoff und Sauerstoff zerlegen:
$$2 \, H_2O \longrightarrow 2 \, H_2 + O_2$$
Suchen Sie Eigenschaften der einzelnen Stoffe und vergleichen Sie diese miteinander.

8. Erstellen Sie zu den bisherigen Begriffen einen Stammbaum (o Abb. 1.1).

o **Abb. 1.1** Stammbaum

9. Was bedeutet $C_8H_9NO_2$ (= Summenformel von Paracetamol)?

10. Geben Sie die Formeln und Namen aller molekular vorliegenden Elemente an.

11. Finden Sie zu den folgenden Stoffeigenschaften immer zwei chemische Stoffe, die sich durch diese Eigenschaft unterscheiden lassen, z. B. Farbe: Kohlenstoff (schwarz) und Kochsalz (weiß):

Stoffeigenschaften	Stoff 1	Stoff 2
Farbe	Kohlenstoff	Kochsalz
Geruch		
Siedetemperatur		
Schmelztemperatur		
Dichte		
Löslichkeit		
Elektrische Leitfähigkeit		
Härte		

2 Atombau

Bis ins 19. Jahrhundert hielt man Atome für strukturlos und unteilbar. Durch Experimente konnte man nachweisen, dass Atome aus Elementarteilchen aufgebaut sind.
Die bekanntesten Elementarteilchen sind Protonen, Neutronen und Elektronen.
Über den Aufbau von Atomen gab es verschiedenste Theorien. Die heute gültige Vorstellung ist von verschiedenen Wissenschaftlern beeinflusst, die dafür auch Nobelpreise erhielten. Bekannte Namen sind unter anderem Ernest Rutherford, Niels Bohr, Marie Curie oder Werner Heisenberg.
Ein Atom besteht aus dem Atomkern mit Protonen und Neutronen und der Elektronenhülle.
In ◘ Tab. 2.1 findet sich eine Übersicht über die Eigenschaften der Elementarteilchen.

◘ **Tab. 2.1** Übersicht über die Eigenschaften der Elementarteilchen

Atomteil	Elementarteilchen	Ladung	Masse in u	Masse in g	Symbol
Kern	Protonen	+1	1,0073	$1,67 \times 10^{-24}$	p oder p$^+$
	Neutronen	0	1,0087	$1,68 \times 10^{-24}$	n oder n^0
Hülle	Elektronen	−1	0,0005	$9,11 \times 10^{-28}$	e$^-$

Atome sind winzig klein. Mit dem Elektronenmikroskop können nur große Atome als helle Punkte sichtbar gemacht werden, jedoch ohne Details. Für den Feinbau der Elektronenhülle gibt es verschiedene Modelle.

u ist die atomare Masseneinheit. Sie wurde eingeführt, damit nicht immer mit unpraktischen Grammwerten gerechnet werden muss. Für Protonen und für Neutronen ist der Wert gerundet gleich eins.

2.1 Der Atomkern

Der **Atomkern** ist im Vergleich zur Gesamtgröße des Atoms extrem klein. Man kann sich in etwa einen Kirschkern vorstellen, der in der Mitte eines Fußballfeldes liegt. Der Durchmesser des Atoms würde dann dem Abstand zwischen den beiden Toren entsprechen.
Im Atomkern befinden sich die Protonen und die Neutronen. Diese sind viel schwerer als die Elektronen, sodass praktisch die gesamte Masse des Atoms im Atomkern zu finden ist.
Da **Protonen** positiv geladen sind, stoßen sie einander ab. Die neutralen **Neutronen** ordnen sich zwischen den Protonen an und üben so eine Art „Kleberfunktion" aus. Sie verhindern also, dass der Atomkern auseinander bricht. Protonen und Neutronen werden zusammen auch **Nukleonen** genannt.

Fast die gesamte Masse eines Atoms befindet sich im Atomkern.

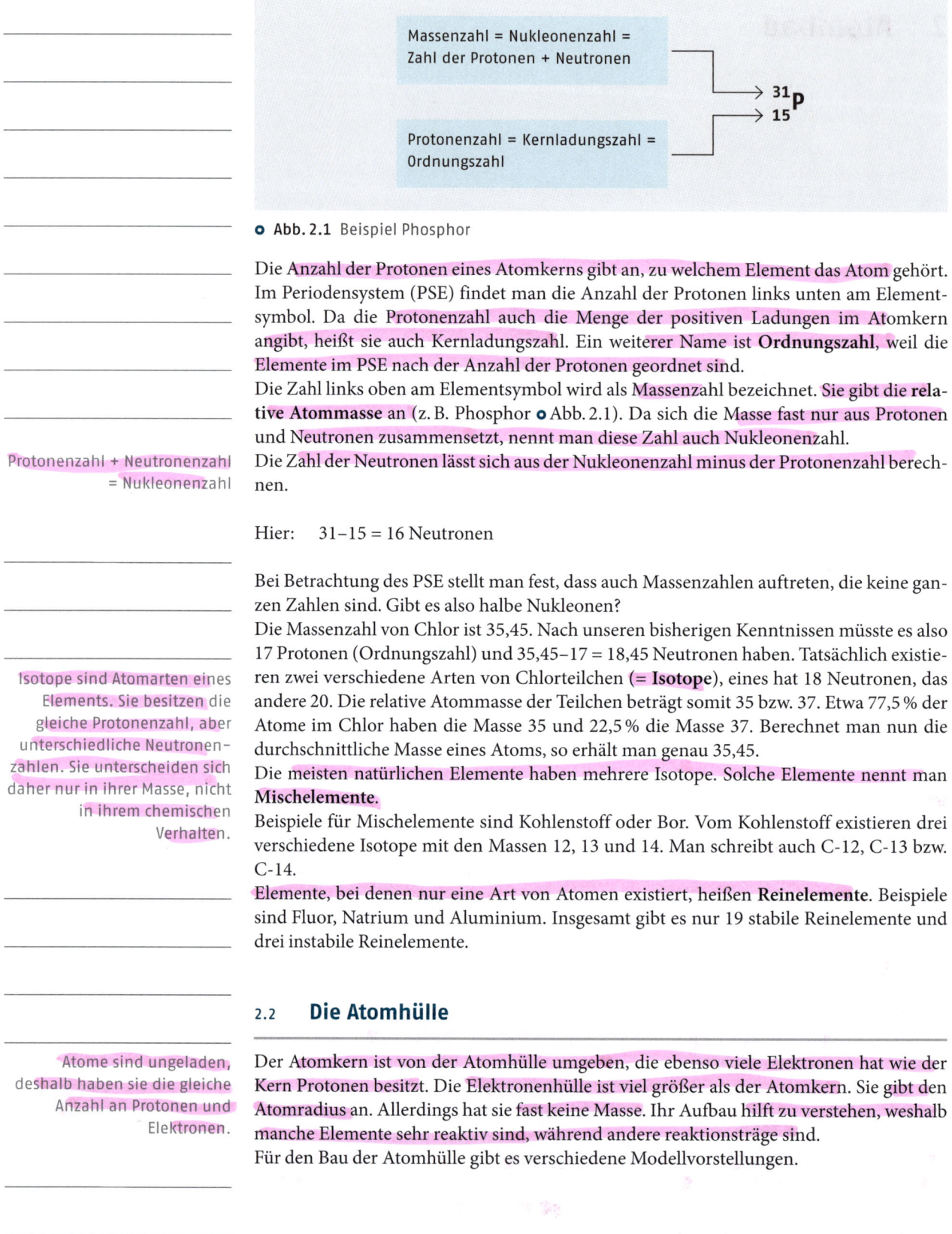

○ **Abb. 2.1** Beispiel Phosphor

Die Anzahl der Protonen eines Atomkerns gibt an, zu welchem Element das Atom gehört. Im Periodensystem (PSE) findet man die Anzahl der Protonen links unten am Elementsymbol. Da die Protonenzahl auch die Menge der positiven Ladungen im Atomkern angibt, heißt sie auch Kernladungszahl. Ein weiterer Name ist **Ordnungszahl**, weil die Elemente im PSE nach der Anzahl der Protonen geordnet sind.

Die Zahl links oben am Elementsymbol wird als Massenzahl bezeichnet. Sie gibt die **relative Atommasse** an (z. B. Phosphor ○ Abb. 2.1). Da sich die Masse fast nur aus Protonen und Neutronen zusammensetzt, nennt man diese Zahl auch Nukleonenzahl.

Die Zahl der Neutronen lässt sich aus der Nukleonenzahl minus der Protonenzahl berechnen.

Hier: 31 – 15 = 16 Neutronen

Bei Betrachtung des PSE stellt man fest, dass auch Massenzahlen auftreten, die keine ganzen Zahlen sind. Gibt es also halbe Nukleonen?

Die Massenzahl von Chlor ist 35,45. Nach unseren bisherigen Kenntnissen müsste es also 17 Protonen (Ordnungszahl) und 35,45 – 17 = 18,45 Neutronen haben. Tatsächlich existieren zwei verschiedene Arten von Chlorteilchen (= **Isotope**), eines hat 18 Neutronen, das andere 20. Die relative Atommasse der Teilchen beträgt somit 35 bzw. 37. Etwa 77,5 % der Atome im Chlor haben die Masse 35 und 22,5 % die Masse 37. Berechnet man nun die durchschnittliche Masse eines Atoms, so erhält man genau 35,45.

Die meisten natürlichen Elemente haben mehrere Isotope. Solche Elemente nennt man **Mischelemente.**

Beispiele für Mischelemente sind Kohlenstoff oder Bor. Vom Kohlenstoff existieren drei verschiedene Isotope mit den Massen 12, 13 und 14. Man schreibt auch C-12, C-13 bzw. C-14.

Elemente, bei denen nur eine Art von Atomen existiert, heißen **Reinelemente**. Beispiele sind Fluor, Natrium und Aluminium. Insgesamt gibt es nur 19 stabile Reinelemente und drei instabile Reinelemente.

2.2   Die Atomhülle

Der Atomkern ist von der Atomhülle umgeben, die ebenso viele Elektronen hat wie der Kern Protonen besitzt. Die Elektronenhülle ist viel größer als der Atomkern. Sie gibt den Atomradius an. Allerdings hat sie fast keine Masse. Ihr Aufbau hilft zu verstehen, weshalb manche Elemente sehr reaktiv sind, während andere reaktionsträge sind.

Für den Bau der Atomhülle gibt es verschiedene Modellvorstellungen.

Margin notes:

Protonenzahl + Neutronenzahl = Nukleonenzahl

Isotope sind Atomarten eines Elements. Sie besitzen die gleiche Protonenzahl, aber unterschiedliche Neutronenzahlen. Sie unterscheiden sich daher nur in ihrer Masse, nicht in ihrem chemischen Verhalten.

Atome sind ungeladen, deshalb haben sie die gleiche Anzahl an Protonen und Elektronen.

2.2.1 Bohr'sches Atommodell

Nach ihm bewegen sich die Elektronen auf Schalen (= Energieniveaus) kugelförmig um den Kern. Innerhalb eines Atoms besitzen alle Elektronen eine unterschiedliche Energie und bewegen sich deshalb auch nicht auf demselben Radius um den Kern. Elektronen mit annähernd gleichem Radius werden jedoch als eine Schale zusammengefasst. Deshalb wird das Bohr'sche Atommodell auch **Schalenmodell** genannt.

Die Schalen werden vom Atomkern nach außen hin von eins bis sieben durchnummeriert. Alternativ erhalten sie auch manchmal Buchstaben, wobei mit K (für kernnächste Schale) begonnen wird. Auf jede Schale passt nur eine begrenzte Zahl an Elektronen, die sich aus der Nummer der Schale berechnen lässt.

Maximale Schalenbesetzung: $2\,n^2$ Elektronen

Schale	Buchstabe	Schalennummer	Maximale Elektronenzahl
1. Schale:	K	$n = 1$	2 Elektronen
2. Schale:	L	$n = 2$	8 Elektronen
3. Schale:	M	$n = 3$	18 Elektronen
4. Schale:	N	$n = 4$	32 Elektronen
5. Schale:	O	$n = 5$	50 Elektronen
6. Schale:	P	$n = 6$	72 Elektronen
7. Schale:	Q	$n = 7$	98 Elektronen

Einschränkung: In der äußersten Schale dürfen sich nie mehr als acht Elektronen befinden. Erst wenn eine neue Schale angefangen und mit zwei Elektronen besetzt ist, kann die vorhergehende weiter aufgefüllt werden (z. B. Calcium **o** Abb. 2.2)

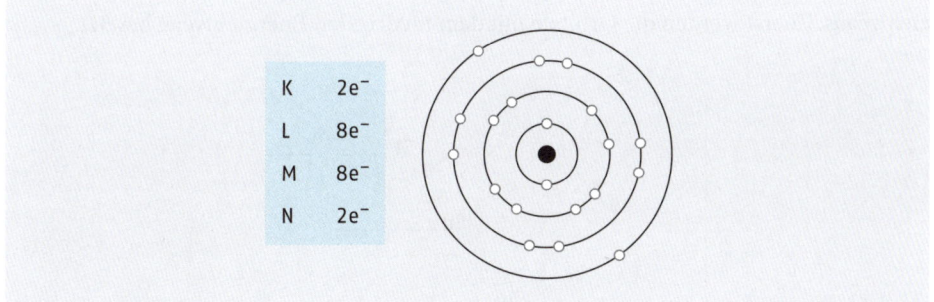

K	$2e^-$
L	$8e^-$
M	$8e^-$
N	$2e^-$

o Abb. 2.2 Schalenmodell von Calcium: Verteilung der Elektronen

Einfacher funktioniert die Verteilung der Elektronen auf die Schalen mit dem Orbitalmodell, das sich aus dem PSE herauslesen lässt, vor allem bei Elementen mit noch mehr Elektronen, bei denen weitere Regeln zu beachten wären.

2.2.2 Orbitaltheorie

Nach dem Bohr'schen Atommodell bewegen sich die Elektronen auf genau definierten Bahnen, den sogenannten Schalen, um den Atomkern.

Schon bald nach der Entwicklung dieser Theorie bemerkte man, dass man mit ihr nicht alle Phänomene beschreiben kann. So wurde u. a. durch Louis de Broglie, Werner Heisenberg und Erwin Schrödinger eine neue Theorie entwickelt.

Die Schalen des Bohr'schen Atommodells kann man sich ähnlich wie bei einer Zwiebel vorstellen.

Weitere Regeln für das Bohr'sche Atommodell: Auf der zweiten Schale von außen dürfen sich nie mehr als 18 Elektronen befinden. Auf der dritten Schale von außen dürfen sich nie mehr als 32 Elektronen befinden.

Orbitale sind Bereiche um den Atomkern, in denen sich Elektronen mit einer hohen Wahrscheinlichkeit aufhalten.

Diese Theorie geht davon aus, dass sich Elektronen sowohl wie Teilchen als auch wie Wellen verhalten. Dadurch kann man für sie keinen exakten Aufenthaltsort bestimmen, sondern nur „Aufenthaltswahrscheinlichkeitsräume", die sogenannten **Orbitale**.

Diese Orbitale werden durch Quantenzahlen näher beschrieben, auf die wir aber hier nicht eingehen.

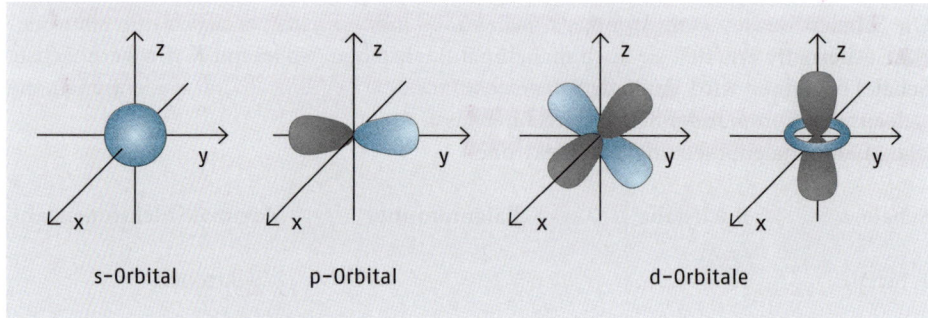

○ Abb. 2.3 Orbitale (Beispiele)

Es gibt s-, p-, d- und f-Orbitale.
- Zur K-Schale gehört nur
  - ein s-Orbital.
- In der L-Schale gibt es
  - ein s- und drei p-Orbitale.
- In der M-Schale sind
  - ein s-, drei p- und fünf d-Orbitale vorhanden.
- Ab der 4. Schale (N) kommen
  - sieben f-Orbitale zusätzlich dazu.

Höhere Orbitale sind in der Natur nicht mit Elektronen besetzt.
s-Orbitale sind kugel-, p-Orbitale hantelförmig, d- und f-Orbitale können wesentlich kompliziertere Formen haben (○ Abb. 2.3).
Jedes Orbital bietet Platz für zwei Elektronen. Die Orbitale haben unterschiedliche Energieniveaus. Zuerst werden die Orbitale mit dem niedrigsten Energieniveau besetzt.

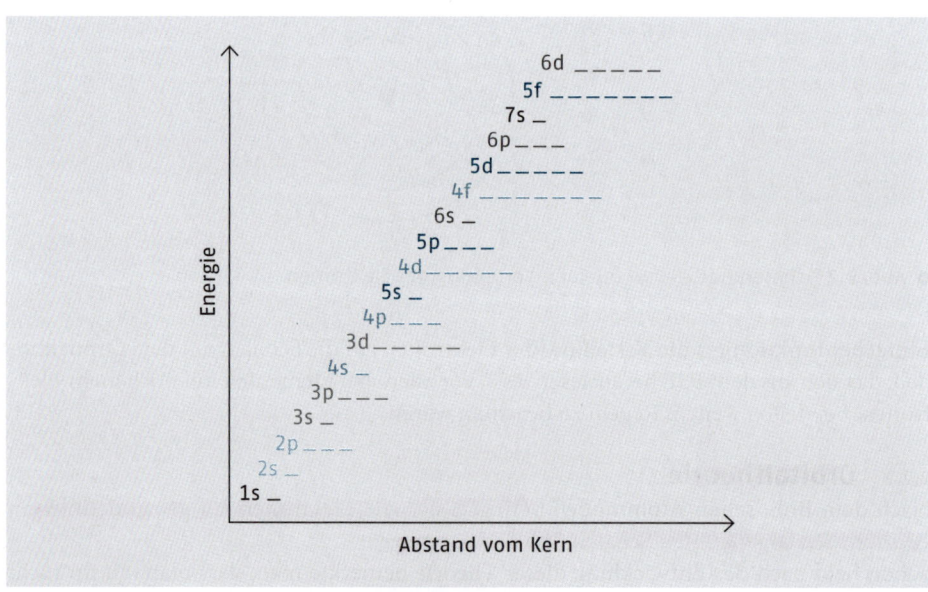

○ Abb. 2.4 Besetzungsschema für die Orbitale

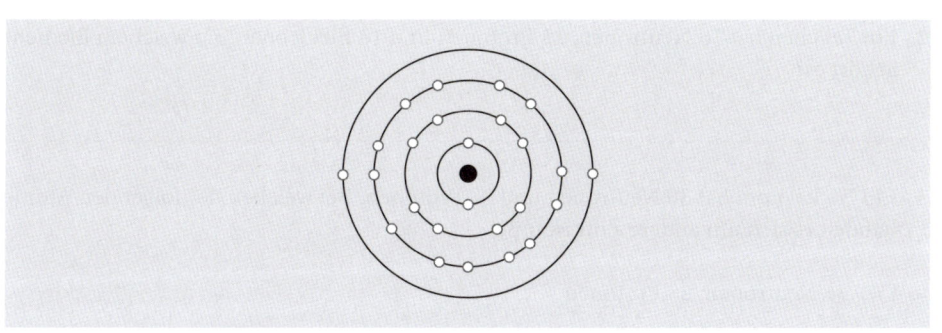

Abb. 2.5 Schalenmodell von Mangan: Verteilung der Elektronen

Vorgehensweise zur Besetzung der Orbitale

Abb. 2.4

Von unten beginnend werden auf jeden Strich zwei Elektronen gesetzt, bis alle Elektronen des Elements (siehe Ordnungszahl) verteilt sind. Energiegleiche Orbitale (z. B. p-Orbitale) werden zunächst hintereinander mit je einem Elektron besetzt (Hund'sche Regel). Jeder Strich steht also für ein Orbital. (1 × s, 3 × p, ...)

Beispiel: Elektronenkonfiguration (Elektronenverteilung) von Mangan (25 Elektronen). Die Zahl der verteilten Elektronen wird als Exponent angegeben.

$1s^2 \qquad 2s^2 \qquad 2p^6 \qquad 3s^2 \qquad 3p^6 \qquad 4s^2 \qquad 3d^5$

Diese Reihenfolge kann man sich nun merken, oder die Elektronenverteilung aus einem ausführlichen PSE ablesen. Dort ist genau diese Schreibweise unterhalb des Elementsymbols vermerkt.

Bei Fluor steht: $[He]\ 2s^2\ 2p^5$, das bedeutet:

Elektronenkonfiguration von Helium und $2s^2\ 2p^5$, also $1s^2\ 2s^2\ 2p^5$

Diese Schreibweise lässt sich auch in das Schalenmodell umschreiben (Abb. 2.5 und Elektronenkonfiguration von Mangan).

Elektronenkonfiguration von Mangan

$1s^2$	$2s^2 \qquad 2p^6$	$3s^2 \qquad 3p^6$	$4s^2$	$3d^5$
K	L	M	N	M
2	2 + 6 = 8	2 + 6 = 8	2	5

Diese 5 Elektronen der M-Schale werden erst nach dem Besetzen der 3s- und 3p-Orbitale aufgefüllt.

Aufgaben zu Kapitel 2

1. Ergänzen Sie die Tabelle:

Element (Atom)	Ordnungszahl	Neutronenzahl	Nukleonenzahl	Elektronenzahl
Aluminium				
Fluor				
	6			
Natrium				

2. Ein Teilchen hat 16 Neutronen, 15 Protonen und 18 Elektronen. Zu welchem Element gehört es?

———————————————————————

3. Ein Nickelatom hat 30 Neutronen und 28 Protonen. Bei welchen der folgenden Atome handelt es sich um andere Zinkisotope?

☐   36 Neutronen, 28 Protonen

☐   34 Neutronen, 29 Protonen

☐   30 Neutronen, 26 Protonen

☐   32 Neutronen, 26 Protonen

☐   33 Neutronen, 28 Protonen

☐   30 Neutronen, 25 Protonen

4. Warum muss es sich bei Eisen um ein Mischelement handeln? Begründen Sie Ihre Aussage mit Fachbegriffen.

———————————————————————

———————————————————————

5. Geben Sie die Verteilung der Elektronen auf die Schalen nach dem Schalenmodell und die Elektronenkonfiguration für die Atome der Elemente an.

a) Natrium: ———————————————————

———————————————————

b) Schwefel: ———————————————————

———————————————————

c) Chrom: ———————————————————

———————————————————

d) Strontium: ———————————————————

———————————————————

6. Zeichnen Sie das Bohr'sche Atommodell für ein Magnesiumatom, ein Bromatom und ein Sauerstoffatom.

Magnesiumatom

Bromatom

Sauerstoffatom

7. Wie viele Elektronen haben die Atome der Elemente auf der äußersten Schale?

a) Lithium: _____

b) Kohlenstoff: _____

c) Chlor: _____

d) Strontium: _____

e) Stickstoff: _____

f) Schwefel: _____

8. Es gibt drei Wasserstoffisotope (○ Abb. 2.6). Erklären Sie jeweils den Aufbau des Atomkerns.

Wasserstoff $_1^1H$ Deuterium $_1^2H$ oder $_1^2D$ und   Tritium $_1^3H$ oder $_1^3T$

○ **Abb. 2.6** Wasserstoffisotope

■ Wasserstoff: _____

■ Deuterium: _____

■ Tritium: _____

3 Periodensystem der Elemente (PSE) – ein erlaubter Spicker

Im Internet finden sich inzwischen diverse interaktive Periodensysteme, die neben vielen Informationen auch Bilder der Elemente liefern.

Die Grundlage für das heutige Periodensystem der Elemente haben Johann Wolfgang Döbereiner, Lothar Meyer und Dimitri Mendelejew gelegt.

Sie stellten fest, dass bestimmte Elemente sehr ähnliche Eigenschaften haben und sortierten die Elemente nach der Atommasse, wobei Stoffe mit ähnlichen Eigenschaften untereinander geschrieben wurden.

Heute ist das Periodensystem eine Übersicht, in der die Elemente nach steigender **Protonenzahl** bzw. **Elektronenzahl** so geordnet sind, dass ihre physikalischen und chemischen Eigenschaften mit ihren gesetzmäßigen Zusammenhängen deutlich in Erscheinung treten.

3.1 Einteilung des PSE

3.1.1 Perioden

Das Periodensystem (▶ siehe hinten in diesem Skript) besteht aus sieben waagrechten Reihen, den **Perioden**. Die Perioden 1 bis 7 entsprechen den Schalen aus dem Bohr'schen Atommodell. Deshalb befinden sich auch in der ersten Periode nur zwei Elemente (K-Schale):

- Von Periode zu Periode kommt eine neue Schale hinzu.
- Innerhalb einer Periode haben alle Elemente die gleiche Schalenzahl. Die Anzahl an Protonen und Elektronen nimmt von links nach rechts zu.

3.1.2 Gruppen

Die Gruppen sind die senkrechten Reihen im PSE. Es finden sich zwei Nummerierungen.

Die Nummerierung in arabischen Ziffern (von 1 bis 18) ist die Empfehlung der IUPAC (= International Union of Pure and Applied Chemistry). Sie ist für die folgenden Erklärungen aber weniger geeignet.

Die Nummerierung mit römischen Ziffern (von I bis VIII) teilt das PSE in Haupt- (A) und Nebengruppen (B) ein. Diese Nummerierung wird uns durch das Schuljahr begleiten.

Die **Hauptgruppen** sind die acht Gruppen (◻ Tab. 3.1), welche in der 2. Periode bereits vorhanden sind. Für deren Elemente ergeben sich folgende Merkmale:

- Die Hauptgruppennummer entspricht der Zahl der Valenzelektronen.
- Untereinander stehende Elemente haben die gleiche Anzahl an Valenzelektronen. Die Anzahl der Schalen steigt allerdings von oben nach unten an.
- Die Elemente einer Hauptgruppe besitzen ähnliche Eigenschaften, weil sie die gleiche Anzahl an Valenzelektronen aufweisen.

◻ **Tab. 3.1** Namen der Hauptgruppen

I A	II A	III A	IV A	V A	VI A	VII A	VIII A
Alkali-metalle	Erdalkali-metalle	Erdmetalle = Borgruppe	Kohlen-stoffgruppe = Tetrele	Stickstoff-gruppe = Pentele	Chalkogene = Erzbildner	Halogene = Salz-bildner	Edel-gase

Bei den Hauptgruppenelementen ist nur die Valenzschale nicht vollständig mit Elektronen besetzt. Alle anderen Schalen sind komplett gefüllt.

Nebengruppenelemente sind Elemente, die zur unvollständig besetzten Außenschale (Valenzschale mit maximal 2 e⁻) auch nur teilweise besetzte zweitäußere (9–18 e⁻) und drittäußere (19–32 e⁻) Schalen besitzen. Bei den Nebengruppen lässt die Gruppennummer keine Aussage über die Anzahl an Valenzelektronen zu.

Elemente, bei denen die drittäußere Schale noch nicht vollständig aufgefüllt ist, besitzen die Gruppenbezeichnungen:
- Lanthanoide (Elemente 57 bis 71)
- Actinoide (Elemente 89 bis 103)

3.1.3 Metalle – Nichtmetalle

Die Elemente werden in zwei große Klassen eingeteilt: **Metalle** und **Nichtmetalle**.

Im PSE (▶ siehe hinten in diesem Skript) befinden sich die Metalle links und die Nichtmetalle rechts. Sie werden durch die Diagonale Bor–Astat getrennt. Je näher die Elemente an dieser Diagonalen stehen, desto mehr verwischt sich der eindeutig metallische bzw. nichtmetallische Charakter.

Elemente, die sich auf dieser Diagonale befinden, heißen **Halbmetalle**. Sie besitzen teils metallische, teils nichtmetallische Eigenschaften. Daher können sie sowohl mit Säuren als auch mit Basen Salze bilden.

Finden Sie typische Eigenschaften für Metalle und Nichtmetalle!

3.2 Gesetzmäßigkeiten innerhalb des PSE

3.2.1 Atomradius

Der Atomradius nimmt innerhalb einer Gruppe von oben nach unten zu.

Grund: Mit steigender Anzahl der Elektronenschalen nimmt der Atomradius zu.

Der Atomradius nimmt in einer Periode von links nach rechts ab.

Grund: Die Atome rechts haben eine höhere Ladung im Kern. Diese übt eine größere Anziehungskraft auf die Elektronenhülle aus und der Radius ist kleiner.

3.2.2 Ionenradius

Atome können Elektronen aufnehmen oder abgeben. Werden Elektronen abgegeben, so entstehen positiv geladenen Kationen. Dies geschieht bei Metallen.
Nichtmetalle hingegen nehmen Elektronen auf, und es entstehen negativ geladenen Anionen.

Metalle bilden Kationen. Nichtmetalle bilden Anionen.

Der Radius von **Kationen** ist kleiner als der Radius des entsprechenden Atoms.

Grund: Es werden alle Valenzelektronen abgegeben, und so besitzt das Ion eine Schale weniger als das Atom.

Der Radius von **Anionen** ist größer als der des entsprechenden Atoms.

Grund: In die Valenzschale werden mehr Elektronen aufgenommen, während die Kernladung gleich bleibt. Durch die Abstoßung der Elektronen benötigen sie mehr Platz und der Radius wird größer.

3.2.3 Ionisierungsenergie

= die Energie, die benötigt wird, um aus einem Atom das erste Elektron abzuspalten

Die Ionisierungsenergie nimmt in einer Periode von links nach rechts zu.

Grund: Die Kernladung steigt, und somit nehmen die Anziehungskräfte auf die Elektronen zu. Sie lassen sich schwerer entfernen.

Die Ionisierungsenergie nimmt in einer Gruppe von oben nach unten ab.

Grund: Die Schalenzahl und dadurch auch der Abstand des Kerns zu den Valenzelektronen steigt, dadurch nehmen die Anziehungskräfte auf die Elektronen ab, und sie lassen sich leichter entfernen.

Daraus ergibt sich, dass
- Elemente links im PSE zur Elektronenabgabe neigen (= positive Ionisierungstendenz). Dadurch entstehen aus ihnen: Kationen.
- Elemente rechts im PSE zur Elektronenaufnahme neigen (= negative Ionisierungstendenz). Dadurch entstehen aus ihnen: Anionen.

3.2.4 Elektronegativität (EN)

Die Werte für die Elektronegativität kann man im Periodensystem ablesen. Es gibt allerdings zwei Systeme: das nach Pauling und das nach Allred und Rochow. Die Werte weichen geringfügig voneinander ab.

Die Elektronegativität nimmt innerhalb einer Gruppe von oben nach unten ab.

Grund: Die Anzahl der Schalen steigt, und somit werden die Anziehungskräfte auf die Elektronen geringer, weil der Abstand zum Atomkern größer ist. Zusätzlich schirmen die Elektronen der inneren Schalen die äußeren Elektronen vom anziehenden Einfluss des Kerns ab.

Die Elektronegativität nimmt innerhalb der Periode von links nach rechts zu.

Grund: Die Kernladung steigt und dadurch auch die Anziehungskräfte auf die Elektronen.

3.2.5 Bindigkeit

Atome verbinden sich mit anderen in einem bestimmten Zahlenverhältnis. Eine Hilfe für die Bildung von Verhältnisformeln ist die Bindigkeit (manchmal auch Wertigkeit genannt) der Atome.
Die wichtigsten Bindigkeiten der Hauptgruppenelemente können Sie der ◻ Tab. 3.2 entnehmen. Später kommen noch weitere mögliche Bindigkeiten hinzu. Vergleichen Sie hierzu ▸ Kap. 4.

◻ **Tab. 3.2** Bindigkeit der Hauptgruppenelemente

Hauptgruppe	I	II	III	IV	V	VI	VII	VIII
Bindigkeit	eins	zwei	drei	vier	drei	zwei	eins	keine

Beispiel: Wasserstoff H ist einbindig, Sauerstoff O ist zweibindig, d. h. zwei Wasserstoffe können an einen Sauerstoff binden, also lautet die Formel H_2O (=Wasser).

Aufgaben zu Kapitel 3

1. Wie heißt die zweite Hauptgruppe noch? Geben Sie drei Elemente aus dieser Hauptgruppe an.

= das Bestreben eines Atoms, innerhalb eines Moleküls Bindungselektronen an sich zu ziehen

2. In welche Hauptgruppe gehören Phosphor, Chlor, Selen und Silicium jeweils? Geben Sie Name und Nummer der Hauptgruppe an.

Hauptgruppe

- Phosphor: _____

- Chlor: _____

- Selen: _____

- Silicium: _____

3. Geben Sie die genaue Lage von Indium im Periodensystem an.

_____

4. Nennen Sie Beispiele für ein

a) Nebengruppenelement: _____

b) Nichtmetall: _____

c) Edelgas: _____

d) Metall: _____

e) Chalkogen: _____

5. Ordnen Sie Fluor (F), Lithium (Li), Stickstoff (N) und Kohlenstoff (C) nach Atomradius, Ionisierungsenergie und Elektronegativität.

Atomradius: _____ < _____ < _____ < _____

Ionisierungsenergie: _____ < _____ < _____ < _____

Elektronegativität: _____ < _____ < _____ < _____

6. Welche Art von Ionen bilden Barium, Stickstoff, Schwefel, Cäsium und Brom jeweils?

- Barium:

- Stickstoff:

- Schwefel:

- Cäsium:

- Brom:

7. Warum hat Iod zum Teil metallähnliche Eigenschaften? (Farbe!)

_____

_____

4 Chemische Bindungen

Ziel einer chemischen Bindung ist es stets, dass die Atome die gleiche Elektronenverteilung erreichen wie ein Edelgas.

Ziel einer chemischen Bindung ist es, einen stabilen Zustand zu erreichen. Dieser Zustand besteht in einer vollbesetzten Valenzschale (Schalenmodell). Die Edelgase haben auf ihrer äußersten Schale acht Elektronen (Ausnahme: Helium nur zwei), deshalb sind sie sehr stabil und reaktionsträge.

Atome, welche auf der äußersten Schale nicht mit 8 Valenzelektronen besetzt sind, streben dieses Elektronenoktett bzw. die **Edelgaskonfiguration** an. Das bedeutet, sie „möchten" genau die gleiche Elektronenverteilung auf den Schalen haben wie die Edelgase.

Es gibt drei Möglichkeiten, um diese Edelgaskonfiguration zu erreichen:

- Elektronenaufnahme
- Elektronenabgabe
- „Mitbenutzung" von Elektronen

Welchen Weg ein Teilchen zum Erreichen der Edelgaskonfiguration einschlägt, hängt vom Teilchen selbst ab: Hat es viele oder wenige Elektronen? Ist die Elektronegativität des Atoms hoch oder niedrig? Wie hoch ist seine Ionisierungsenergie? Aber auch die Eigenschaften des Reaktionspartners sind wichtig.

Je nachdem, wie sich die Reaktionspartner über die Verteilung der Elektronen „einigen", unterscheiden wir verschiedene Bindungsarten (◘ Tab. 4.1).

Die Übergänge zwischen den einzelnen Bindungsarten sind fließend, abhängig von der Differenz der Elektronegativitäten der Bindungspartner. Je nach Literatur findet man deshalb auch andere Grenzen zwischen den einzelnen Bindungsarten.

◘ **Tab. 4.1** Bindungsart und Elektronegativitätsdifferenz

Bindungsart	Elektronegativitätsdifferenz
Ionenbindung	> 1,7 Einheiten
Metallbindung	Gering bis keine; beide EN-Werte ≤ 1,5
Elektronenpaarbindung	Gering bis keine; beide EN-Werte > 2
▪ Unpolare Atombindung	Keine (bis max. 0,5)
▪ Polare Atombindung	Gering, kleiner als bei der Ionenbindung

Außerdem gibt es einen Spezialfall der Elektronenpaarbindung, die Komplexbindung oder auch koordinative Bindung genannt wird.

◘ Tab. 4.2 dient als Wiederholungsübung, bitte die entsprechenden Bindungspartner eintragen!

◘ **Tab. 4.2** Bindungsart und Bindungspartner

Bindungsart	Bindungspartner
Ionenbindung	
Metallbindung	
Elektronenpaarbindung	
▪ Unpolare Atombindung	
▪ Polare Atombindung	

4.1 Ionenbindung

Sie entsteht bei der Reaktion eines **Metalls** mit einem **Nichtmetall** aufgrund der relativ große EN-Differenz der beiden Reaktionspartner.

Metalle geben gerne Elektronen ab, da sie eine positive Ionisierungstendenz und kleine Elektronegativitäten haben. Durch Elektronenabgabe erreichen sie die Edelgaskonfiguration des im PSE voranstehenden Edelgases. So entstehen **Kationen**.

Das Calciumkation (○ Abb. 4.1) hat die gleiche Elektronenkonfiguration wie Argon. Somit hat es durch die Elektronenabgabe einen stabilen Zustand (Edelgaskonfiguration) erreicht.

Ionenbindungen gibt es in Salzen.

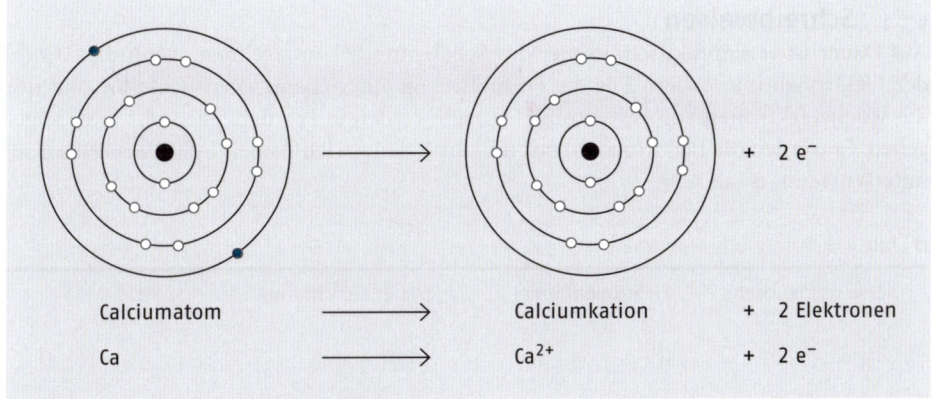

Calciumatom ⟶ **Calciumkation** + 2 Elektronen

Ca ⟶ Ca^{2+} + 2 e^-

○ **Abb. 4.1** Bildung des Calciumkations

Nichtmetalle nehmen gerne Elektronen auf, da sie eine negative Ionisierungstendenz und große Elektronegativitäten haben. Durch Elektronenaufnahme erreichen sie die Edelgaskonfiguration des im PSE folgenden Edelgases. So entstehen **Anionen**.

Das Chlorid-Ion (○ Abb. 4.2) hat die gleiche Elektronenkonfiguration wie Argon, und somit liegt ein stabiler Zustand vor.

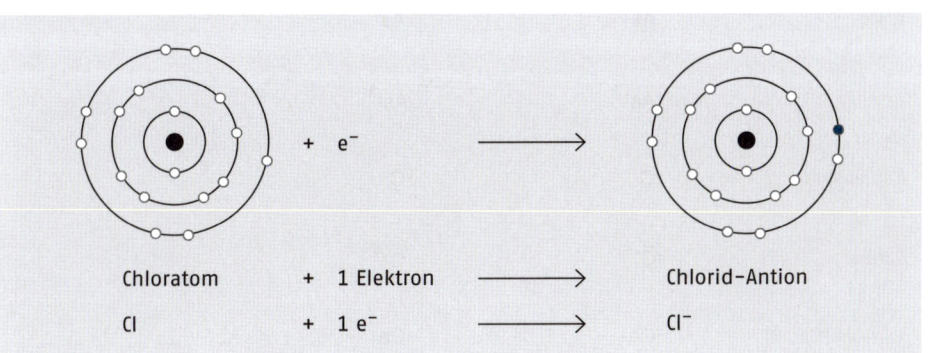

Chloratom + 1 Elektron ⟶ **Chlorid-Antion**

Cl + 1 e^- ⟶ Cl^-

○ **Abb. 4.2** Bildung des Chloridanions

Beispiel: Im Arzneibuch steht bei den Identitätsreaktionen (2.3.1) „Calcium", gemeint ist aber der Nachweis des Calciumkations Ca^{2+}.

■ **CAVE** Die Metallkationen werden häufig – auch im Arzneibuch – einfach mit dem Namen des Metalls benannt, ohne den Zusatz „Kation".

Man schreibt und spricht also von Natrium, auch wenn das Natriumkation gemeint ist. Für Formeln und Reaktionsgleichungen müssen Sie immer überlegen, ob das Metall (nur Elementsymbol) oder das Kation (Elementsymbol plus Ladung) vorliegt:

■ Für Natriummetall: Na
■ Für das Natriumion: Na^+

Die einfachen Anionen haben eigene Namen, die auf „-id" enden.

■ **MERKE** Benennung der einfachen Anionen: lateinischer Wortstamm und Endung „–id"

F^-	Fluorid	O^{2-}	Oxid	N^{3-}	Nitrid	C^{4-}	Carbid
Cl^-	Chlorid	S^{2-}	Sulfid	P^{3-}	Phosphid	Si^{4-}	Silicid
Br^-	Bromid	Se^{2-}	Selenid	As^{3-}	Arsenid		
I^-	Iodid	Te^{2-}	Tellurid	Sb^{3-}	Antimonid		

4.1.1 Schreibweisen

Auf Dauer ist es unpraktisch, immer das Schalenmodell zu zeichnen, wenn die Anzahl der Elektronen interessiert. Für die Formulierung einer chemischen Reaktion sind nur die **Valenzelektronen** von Bedeutung. Deshalb werden in Formeln auch nur diese angegeben. Es werden die Elektronenformel und die Valenzstrichformel (Lewis-Schreibweise) unterschieden (◻Tab. 4.3).

◻ **Tab. 4.3** Formelschreibweisen

Name des Teilchens	Elektronenformel	Valenzstrichformel	Später
Fluoratom	$:\!\dot{\ddot{F}}\!\cdot$	$|\overline{F}\cdot$	F
Fluorid	$:\!\ddot{\ddot{F}}\!:^-$	$|\overline{F}|^-$	F^-
Schwefel	$\cdot\dot{\ddot{S}}\cdot$	$\cdot\overline{S}\cdot$	S
Sulfid	$:\!\ddot{\ddot{S}}\!:^{2-}$	$|\overline{S}|^{2-}$	S^{2-}
Arsen	$:\!\dot{\ddot{As}}\cdot$	$|\dot{\overline{As}}\cdot$	As
Arsenid	$:\!\ddot{\ddot{As}}\!:^{3-}$	$|\overline{As}|^{3-}$	As^{3-}
Kohlenstoff	$\cdot\dot{\ddot{C}}\cdot$	$\cdot\dot{C}\cdot$	C
Carbid	$:\!\ddot{\ddot{C}}\!:^{4-}$	$|\overline{C}|^{4-}$	C^{4-}
Calcium (Metall)	$\cdot Ca\cdot$	$\cdot Ca\cdot$	Ca

■ **MERKE** Die Ladung von Ionen wird rechts über das Elementsymbol geschrieben. Die Ladung wird auch als **Wertigkeit** des Ions bezeichnet.

Elektronenformel: Jedes Valenzelektron wird als Punkt geschrieben.

Valenzstrichformel = Lewis-Formel: Sie stellt eine Vereinfachung der Elektronenformel dar. Für jeweils zwei Elektronen wird ein Strich geschrieben, allerdings erst ab dem fünften Elektron. Die ersten vier Elektronen werden gleichmäßig um das Elementsymbol verteilt.

Später: In Formelgleichungen lässt man die Valenzelektronen meist ganz weg, da man ja eigentlich weiß, wie viele Elektronen vorhanden sind.

4.1.2 Salze

Kationen und Anionen kommen nicht isoliert vor, sondern sie bilden Verbände, in denen sich die positiven und die negativen Ladungen der Ionen ausgleichen. Diese Verbindungen bezeichnet man als Salze.

Die Formeln der Salze heißen **Verhältnisformeln** und geben das Zahlenverhältnis von Kationen und Anionen im Salz an. Wichtig ist, dass exakt so viele positive wie negative Ladungen vorhanden sind. Nach außen hin sind Salze also ungeladen. Deshalb dürfen auch in den Formeln keine Ladungen mehr stehen.

Beispiel: Calciumchlorid

$$1\,Ca^{2+} + 2\,Cl^- \longrightarrow CaCl_2$$

Die Bindung zwischen den Ionen entsteht durch die Anziehungskraft, die Ionen auf entgegengesetzt geladene Teilchen ausüben. Die Ionen können als Kugeln betrachtet werden. Dies bewirkt eine regelmäßige Anordnung der Ionen in einem **Ionengitter** oder **Kristallgitter**. In diesem Gitter sind die Ionen nicht frei beweglich, sondern haben feste Plätze (○ Abb. 4.3).

> **Zusammenhalt der Ionenbindung**
> Die Bindung im Salzkristall, die durch die elektrischen Anziehungskräfte (Coulomb-Kräfte) entgegengesetzt geladener Ionen bewirkt wird.

In der Formel eines Salzes steht keine Ladung!

4

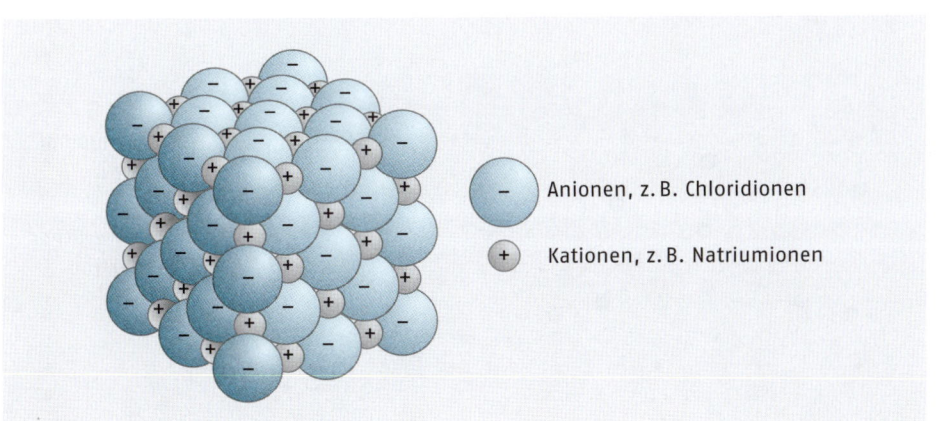

- Anionen, z. B. Chloridionen

+ Kationen, z. B. Natriumionen

○ **Abb. 4.3** Aufbau eines Ionengitters

Merkhilfe für die Eigenschaften: Stellen Sie sich eine Salzkristalllampe vor!

Aus der Kristallstruktur lassen sich die **Eigenschaften** von Ionenverbindungen (Salzen) ableiten:

- Durch die relativ hohen elektrischen Anziehungskräfte sind Salze kristallin und hart.
- Sie sind spröde, d. h. die Kristalle zerbrechen, wenn Kraft auf sie ausgeübt wird. Der Grund hierfür ist, dass sich durch die Verschiebungen im Kristall plötzlich gleichnamige Ladungen gegenüberstehen, sodass das Kristall zerbricht, z. B. durch Bearbeitung mit dem Pistill in der Reibschale.
- Sie weisen sehr hohe Schmelz- und Siedepunkte auf.
- Die geladenen Ionen lösen sich in Wasser. Bei manchen Salzen lösen sich allerdings nur wenige Ionen. Diese Salze nennt man dann schwerlöslich.
- Salzlösungen und -schmelzen leiten elektrischen Strom, da sich die Ionen in ihnen frei bewegen können.

Lösen von Salzen

Das Auflösen von Salzen in Wasser läuft in zwei Schritten ab (▸ Kap. 6 und ▸ Kap. 15).

- Das Ionengitter des Salzkristalls muss aufgelöst werden. Dazu wird Energie benötigt. Diese Energie bezeichnet man als **Gitterenergie**.
- Die einzelnen Ionen werden mit einer Wasserhülle (Hydrathülle) umgeben. Dabei wird **Hydratationsenergie** frei.

Ist die Gitterenergie größer als die Hydrationsenergie, kühlt sich die entstehende Lösung ab. Das bedeutet, dass das Salz sich schneller löst, wenn es erwärmt wird (z. B. bei Kaliumchlorid).
Ist die Gitterenergie kleiner als die Hydratationsenergie, erwärmt sich die Lösung (z. B. bei Calciumchlorid).

Metallbindungen gibt es in Metallen und in Legierungen.

4.2 Metallbindung

Eine Metallbindung entsteht, wenn nur **Metallatome** vorliegen. Die **Atomrümpfe** ordnen sich hierbei in einer Art Gitter an, und die Valenzelektronen sind dazwischen frei beweglich (Abb. 4.4). Sie bilden das sogenannte **Elektronengas**.

> **Zusammenhalt der Metallbindung**
> Die Bindung erfolgt durch die elektrischen Anziehungskräfte zwischen den Metallkationen und den dazwischen verteilten Elektronen.

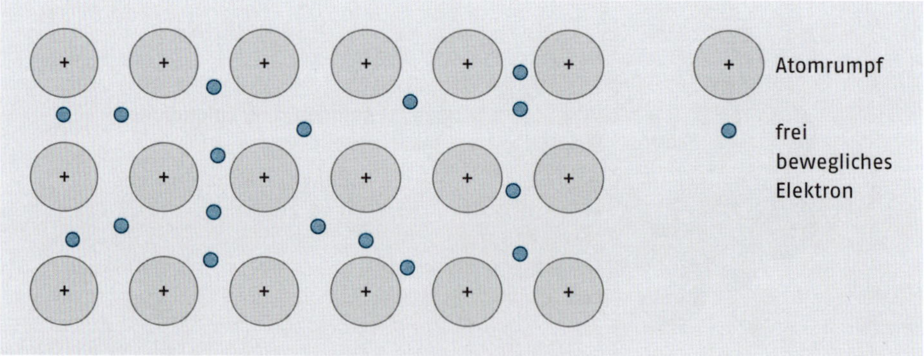

Abb. 4.4 Metallgitter: Schema

Mit Hilfe dieses Modells lassen sich auch die typischen **Eigenschaften** von Metallen gut verstehen:

- Metalle sind gut formbar, weil sich der grundsätzliche Aufbau nicht ändert, wenn eine Kraft von außen auf das Metall ausgeübt wird.
- Sie leiten elektrischen Strom durch die zwischen den Atomrümpfen (Metallkationen) frei beweglichen Elektronen.
- Auch die Wärmeleitfähigkeit von Metallen ist gut. Beteiligt sind hier die Metallkationen, die im Metallgitter um ihre Ruheposition schwingen. Mit zunehmender Temperatur verstärkt sich diese Bewegung und wird auch an die Nachbarteilchen weitergegeben.
- Die Atomrümpfe liegen sehr eng zusammen (dichteste Kugelpackung). Dadurch haben Metalle eine sehr hohe Dichte.
- Aufgrund der starken Anziehungskräfte im Metall besitzen sie relativ hohe Schmelzpunkte.
- Weil das Licht an der glatten Oberfläche reflektiert werden kann, weisen Metalle einen typischen Glanz auf.

4.3 Atombindung

Sie kommt bei der Reaktion von Nichtmetallen miteinander zustande.

Hierbei nähern sich die Atome einander so weit an, dass ihre Orbitale überlappen können. Jedes Atom stellt ein Elektron für das Bindungselektronenpaar zur Verfügung. Dadurch entstehen zwischen zwei Atomen ein bis drei bindende Elektronenpaare, die von beiden Atomen gemeinsam benutzt werden. Die negativen Bindungselektronen sind zwischen den beiden Atomkernen lokalisiert und ziehen die positiven Kerne an. Die Atombindung wird auch **Elektronenpaarbindung** oder **kovalente Bindung** genannt.

Bei der Entstehung einer Atombindung wird Energie frei, die **Bindungsenergie**. Diese muss wieder aufgebracht werden, wenn die Bindung gespalten werden soll.

> **Zusammenhalt der Atombindung**
> Die Bindung entsteht durch die wechselseitige elektrische Anziehung zwischen den Atomkernen und dem gemeinsamen Elektronenpaar. Die Anziehungskraft wirkt in Achsenrichtung des Bindungselektronenpaares.

Durch die Bindung erreicht jeder Bindungspartner seine Edelgaskonfiguration. Als Beispiel (o Abb. 4.5) dient hier ein Fluormolekül. Jedes Atom hat sieben Valenzelektronen. Wenn man aber der Valenzschale eines Atoms folgt und die Elektronen zählt, sind es durch die Überschneidung der Schalen acht Elektronen, also ein Elektronenoktett. Die beiden Elektronen, die sich auf beiden Valenzschalen befinden, sind das bindende Elektronenpaar.

o **Abb. 4.5** Fluormolekül – Bohr'sches Atommodell

Atombindungen gibt es in Molekülen.

Zwischen zwei Atomen liegen ein, zwei oder drei Elektronenpaare.

Jedes Fluorteilchen hat hier scheinbar acht Valenzelektronen.

4.3.1 Unpolare Atombindung

Entsteht zwischen zwei Nichtmetallatomen mit annähernd gleicher **Elektronegativität**. Häufig sind das Atome eines Elements, also zum Beispiel zwei Wasserstoffatome (● Abb. 4.6).

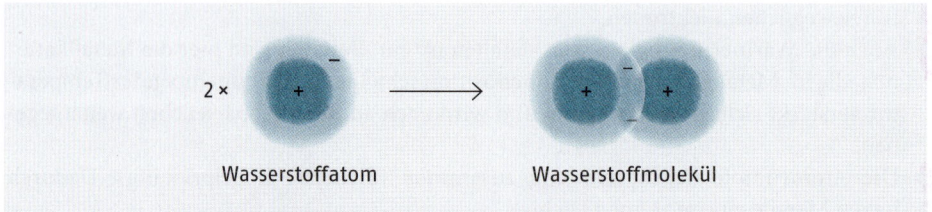

● **Abb. 4.6** Unpolare Atombindung – Wasserstoffmolekül

4.3.2 Polare Atombindung

Sie entsteht zwischen Nichtmetallen mit unterschiedlicher Elektronegativität ($\Delta EN > 0{,}5$). Der Partner mit der höheren EN zieht das Bindungselektronenpaar stärker an und erhält eine negative Teilladung. Der andere Partner bekommt eine positive Teilladung. Im Molekül entstehen zwei Pole: δ^+ und δ^-. Nach außen hin ist das Molekül neutral, da die Summe der Teilladungen gleich 0 ist.

Die Polarität eines Moleküls ist umso stärker, je größer die EN-Differenz der Reaktionspartner ist.

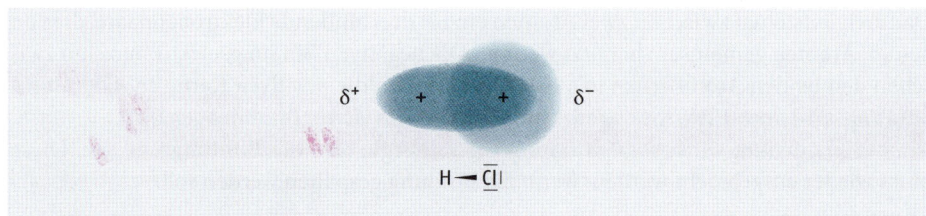

● **Abb. 4.7** Polare Atombindung – Chlorwasserstoff

Dargestellt ist die Polarität der Bindung hier am Beispiel von Chlorwasserstoff (● Abb. 4.7). Wasserstoff hat eine Elektronegativität von 2,20 und Chlor von 3,16. Folglich zieht Chlor die Elektronen stärker zu sich. Deshalb befindet sich auf der Seite des Chlors ein größerer Anteil der negativen Ladung, und man schreibt δ^- auf diese Seite des Moleküls.

Polare Atombindungen sind stärker als unpolare, jedoch lassen sie sich durch Wasser leichter in Ionen trennen.

Aus der Art der Bindung geht noch nicht hervor, ob ein Molekül nach außen hin polar oder unpolar ist. Das heißt, man weiß noch nicht, ob das Teilchen von außen betrachtet eine gleichmäßige Ladungsverteilung hat, oder ob wie bei HCl Ladungsverschiebungen auftreten. Für die Beurteilung dieser Eigenschaften brauchen wir weitere Informationen über die räumliche Anordnung.

4.3.3 Schreibweisen

Wie auch bei den Ionenverbindungen gibt es für die Moleküle, die durch Atombindungen entstehen, verschiedene Schreibweisen. Welche Schreibweise gewählt wird, hängt davon ab, welche Informationen genau vermittelt werden sollen.

Die einfachste Schreibweise ist die **Summenformel**. Aus ihr sind Art und Anzahl der Atome zu ersehen, aus denen das Molekül besteht.

- Cl_2: Chlormolekül bestehend aus zwei Chloratomen
- O_2: Sauerstoffmolekül bestehend aus zwei Sauerstoffatomen
- H_2O: Wassermolekül bestehend aus zwei Wasserstoffatomen und einem Sauerstoffatom

Die Summenformel gibt nur die Zusammensetzung einer Verbindung an.

Etwas komplexer ist die **Valenzstrichformel** oder **Lewisformel**. Hier ist die genaue Anordnung der Bindungen zwischen den Atomen und die Verteilung von freien Elektronenpaaren zu erkennen. Jedes gemeinsame bindende Elektronenpaar wird durch einen Strich zwischen den Elementsymbolen kennzeichnet. Die nicht zur Bindung beanspruchten Elektronen werden paarweise durch Striche um die Symbole wiedergegeben (= freie Elektronenpaare).

In den beiden Beispielen (○ Abb. 4.8) sind die bindenden Elektronenpaare und die freien Elektronenpaare klar auseinanderzuhalten.

Die Valenzstrichformel macht Aussagen über die Verknüpfung der beteiligten Teilchen.

Markieren Sie die bindenden Elektronenpaare!

A   **B**

⟨O=O⟩   H–O–H

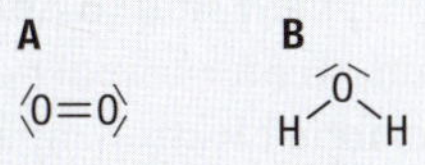

○ **Abb. 4.8** Valenzstrichformel von **A** Sauerstoffmolekül und **B** Wassermolekül

■ **MERKE** Für das Aufstellen von Valenzstrichformeln ist zu beachten, dass jedes Atom am Ende die Edelgaskonfiguration erreichen muss.

Vorgehensweise

- Jedem Atom werden seine Valenzelektronen zugeordnet.
- Wie viele Elektronen fehlen zum Oktett bzw. zur Edelgaskonfiguration? Die Zahl der fehlenden Elektronen gibt die Zahl der Bindungen an, die das Atom ausbildet.
- Atome richtig zusammensetzen. Das ist wie Puzzle spielen.

Beispiel Wasser

- Wasserstoff hat ein Valenzelektron; Sauerstoff hat sechs Valenzelektronen.
- Wasserstoff fehlt ein Elektron für die Elektronenkonfiguration des Heliums, d. h. jeder der beiden Wasserstoffe geht eine Bindung ein. Diese muss jeweils zum Sauerstoff ausgebildet werden, denn diesem fehlen zwei Elektronen zum Oktett. Sauerstoff muss also zwei Bindungen eingehen.

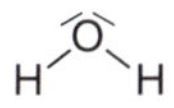

H–O–H

Anmerkungen

- Streng genommen gilt die Oktettregel nur für die Elemente der zweiten Periode. Bei Elementen der höheren Perioden kann es, wie bei Schwefel und Phosphor, zu einer Oktettaufweitung kommen (○ Abb. 4.9 A).
- Besitzt ein Teilchen mehr Elektronen, als ihm laut PSE Valenzelektronen zustehen, so erhält es eine negative formale Ladung. Hat es weniger Elektronen, so erhält es eine

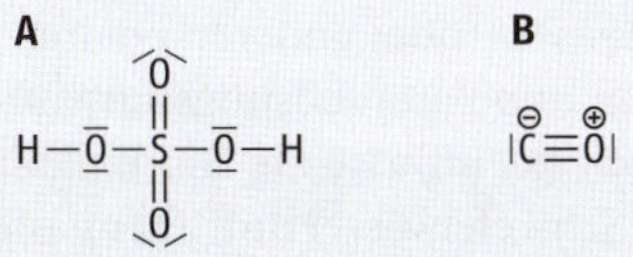

A   **B**

H–O–S–O–H |C≡O|

○ **Abb. 4.9** Valenzstrichformeln von **A** Schwefelsäure und **B** Kohlenstoffmonoxid

positive formale Ladung (○ Abb. 4.9 B).

Die meisten Informationen kann man aus der **Strukturformel** entnehmen. Hier werden wie bei der Lewisformel die bindenden Elektronenpaare angegeben und zusätzlich die räumliche Anordnung der Atome berücksichtigt. Es ist zweckmäßig, immer auch die

Die Strukturformel liefert Informationen über die Verknüpfung und über die räumliche Anordnung der Atome.

4

freien Elektronenpaare anzugeben. Diese benötigen mehr Platz im Raum als gebundene Teilchen, was sich in den Bindungswinkeln wiederspiegelt.

Die typischen Anordnungen im Raum, die sich abhängig von den Bindungen ergeben, sind:

- **Tetraederisch:** Diese Anordnung tritt auf, wenn vier Einfachbindungen um ein Atom gruppiert sind (○ Abb. 4.10 A).
- **Pyramidal:** Diese Anordnung tritt auf, wenn drei Einfachbindungen und ein freies Elektronenpaar um ein Atom gruppiert sind (○ Abb. 4.10 B).
- **Gewinkelt:** Diese Anordnung tritt auf, wenn zwei Einfachbindungen und zwei freie Elektronenpaare um ein Atom gruppiert sind (○ Abb. 4.10 C).
- **Linear:** Diese Anordnung tritt auf, wenn entweder
  - eine Einfachbindung und drei freie Elektronenpaare oder (○ Abb. 4.10 D).
  - zwei Doppelbindungen (○ Abb. 4.10 E) oder
  - eine Einfachbindung und eine Dreifachbindung um ein Atom gruppiert sind (○ Abb. 4.10 F).

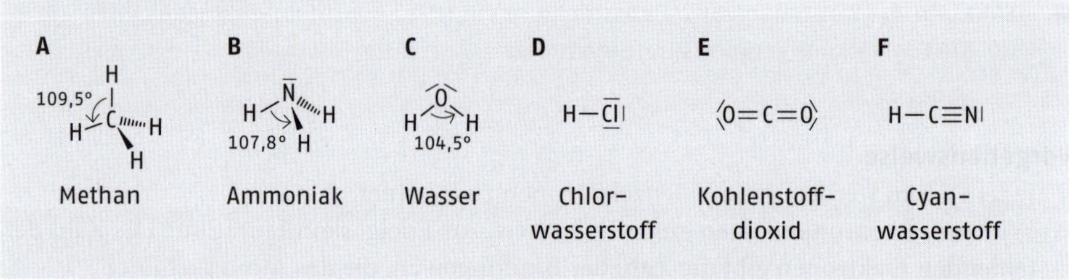

Ein Tetraeder ist eine spezielle Pyramide mit vier gleichseitigen Dreiecken als Seitenflächen.

Pyramidale Anordnung: Hier ist eine Seite der Pyramide größer als die drei anderen.

○ Abb. 4.10 A Tetraedrische, **B** pyramidale und **C** gewinkelte sowie **D–F** Beispiele für eine lineare Anordnung im Raum

Die räumliche Struktur der Moleküle beeinflusst auch deren Verhalten gegenüber anderen Stoffen. Entscheidend ist, ob ein Molekül nach außen hin polar oder unpolar erscheint. Bei polaren Bindungen ist es möglich, **Teilladungen** (δ^+ und δ^-) anzugeben. Das bedeutet, die Elektronen liegen nicht genau mittig zwischen den beiden Atomkernen.

Für die weitere Betrachtung ist es nun wichtig, ob die positiven und negativen Teilladungen im gesamten Molekül symmetrisch verteilt sind. Hierbei müssen alle drei Raumrichtungen berücksichtigt werden. Sind die Ladungen so verteilt, dass sich ein Mittelpunkt (Ladungsschwerpunkt) ergibt, erscheint das Molekül nach außen hin als unpolar, obwohl polare Atombindungen vorliegen. Dies ist z. B. bei Kohlenstoffdioxid und bei Methan der Fall.

Kann man im Molekül jedoch eine positive und eine negative Seite, also zwei Pole finden, so liegt ein polares Teilchen vor, auch **Dipol** genannt. Dies ist z. B. bei Wasser, Ammoniak, Chlorwasserstoff und Cyanwasserstoff der Fall.

Betrachten Sie dazu auch nochmals die Strukturformeln auf den vorherigen Seiten und versuchen Sie jeweils die Teilladungen einzutragen.

Die Polarität der Teilchen ist unter anderem in der Galenik relevant (▶ Kap. 15):

- Polare Stoffe lösen sich in Wasser (oder anderen polaren Stoffen).
- Unpolare Stoffe lösen sich in unpolaren Lösungsmitteln.
- Die Polarität der Bindungen beeinflusst die Bindungsstärke zwischen den Teilchen. Deshalb ist Wasser flüssig, Schwefelwasserstoff aber gasförmig (▶ Kap. 15.2).

Bei unpolaren Molekülen fallen die Ladungsschwerpunkte zusammen.

4.3.4 Koordinative Atombindung

Hier gehen Teilchen eine Bindung ein, die zum Teil schon Edelgaskonfiguration besitzen. Die Bindungselektronen werden vollständig von einem einzigen Partner zur Verfügung gestellt. Man unterscheidet generell die Komplexbildung am Anion und am Kation. Genaueres zu dieser Bindung wird in ▶ Kap. 9 besprochen. Vorerst betrachten wir nur einige komplexe Ionen.

Diese Bindung wird auch Komplexbindung genannt.

Komplexe Ionen (Molekülionen)

Sie leiten sich zu einem großen Teil von Säuren ab ($\square$ Tab. 4.4). Wichtig für die Erstellung von Salzformeln ▸ Kap. 5.1 ist die Wertigkeit der Ionen. Diese entspricht wie bei den schon bekannten Atomionen (Na^+, F^-, S^{2-}, …) der Ladung der Ionen.

Zur Erinnerung:

Natriumchlorid:	$1\ Na^+$	$+$	$1\ Cl^-$	$\longrightarrow$ NaCl
Natriumsulfid:	$2\ Na^+$	$+$	$1\ S^{2-}$	$\longrightarrow$ Na_2S
Calciumchlorid:	$1\ Ca^{2+}$	$+$	$2\ Cl^-$	$\longrightarrow$ $CaCl_2$

$\square$ **Tab. 4.4** Wichtige Säuren und daraus abgeleitete komplexe Ionen. Die Ladung der komplexen Anionen entspricht der Anzahl der H–Atome in der Säure.

Säure		Säurerest	
Name	Formel	Name	Formel
Schwefelsäure	H_2SO_4	Sulfat	SO_4^{2-}
Salpetersäure	HNO_3	Nitrat	NO_3^-
Phosphorsäure	H_3PO_4	Phosphat	PO_4^{3-}
Kohlensäure	H_2CO_3	Carbonat	CO_3^{2-}
Perchlorsäure	$HClO_4$	Perchlorat	ClO_4^-
Weitere komplexe Ionen			
OH^-	Hydroxid	NH_4^+	Ammonium

Aus Perchlorat lassen sich noch andere Ionen ableiten:

Perchlorat	ClO_4^-
Chlorat	ClO_3^-
Chlorit	ClO_2^-
Hypochlorit	ClO^-
Chlor**id**	Cl^-

Analog lassen sich die entsprechenden Ionen für Iod und für Brom bilden und benennen.

Ähnliche Ableitungen gibt es auch für:

- Sulfat SO_4^{2-} $\longrightarrow$ Sulfit SO_3^{2-} $\longrightarrow$ Hyposulfit SO_2^{2-}
- Nitrat NO_3^- $\longrightarrow$ Nitrit NO_2^- $\longrightarrow$ Hyponitrit NO^-
  und andere Säurereste

Aufgaben zu Kapitel 4

1. Welche Bindungsart liegt vor, wenn folgende Elemente miteinander reagieren?

- Kalium und Fluor
- Zwei Stickstoffatome
- Wasserstoff und Sauerstoff
- Kohlenstoff und Wasserstoff
- Calcium und Brom

2. Geben Sie die Namen bzw. Formeln an für:

- Calciumsulfid _____

- Magnesiumbromid _____

- Natriumnitrid _____

- Galliumsulfid _____

- RbI _____

- Cs_2Se _____

- $BaCl_2$ _____

- BeO _____

3. Warum leiten feste Salze keinen Strom?

_____

4. Auch in Legierungen liegt eine Metallbindung vor. Wie würde hier die Modellvorstellung aussehen?

5. Sieben Elemente liegen als Moleküle vor. Erstellen Sie für alle die Valenzstrichformeln und erklären Sie, welche Bindungsart vorliegt.

Element	Valenzstrichformel

Bindungsart:

_____

6. Erstellen Sie die Valenzstrichformeln für:

	Valenzstrichformel	Polar	Unpolar
▨ **Tetrachlorkohlenstoff** (CCl_4)		☐	☐
▨ **Schwefelwasserstoff** (H_2S)		☐	☐
▨ Schwefeldioxid			
▨ **Bromwasserstoff**		☐	☐
▨ **Wasserstoffperoxid** (H_2O_2)		☐	☐
▨ Schwefelsäure			

Überlegen Sie für die **fett** gedruckten Substanzen, ob die Moleküle polar oder unpolar sind.

7. Geben Sie die Formeln an für:

▨ Ammoniumchlorid _____

▨ Ammoniumsulfid _____

▨ Calciumhydroxid _____

▨ Calciumcarbonat _____

▨ Bariumsulfat _____

▨ Bariumperchlorat _____

▨ Aluminiumchlorit _____

▨ Kaliumphosphat _____

▨ Lithiumnitrat _____

▨ Berylliumphosphat _____

5 Grundlagen chemischer Reaktionen

5.1 Chemische Formeln – eine kleine Wiederholung

5.1.1 Aussagen von chemischen Formeln

Sie kennen bereits Formeln von Salzen und anderen Verbindungen. Formeln geben uns Auskunft darüber, welche Elemente in welchem Mengenverhältnis miteinander reagiert haben bzw. verbunden sind. Zusammen mit dem Wissen über die Bindungsarten erhält man aus der Formel viele weitere Informationen.

◘ Tab. 5.1 zeigt einige Beispiele, welche Informationen man aus einer Formel herauslesen kann.

◘ **Tab. 5.1** Aussagen von chemischen Formeln

Formel	Informationen
C_2H_5OH	Es liegen nur Nichtmetalle vor, deshalb enthält die Verbindung Atombindungen. 2 Kohlenstoffatome sind mit 1 Sauerstoffatom und 6 Wasserstoffatomen verbunden (5 + 1).
CaF_2	Es liegen ein Metall und ein Nichtmetall vor, also muss die Verbindung Ionen enthalten. Die Verbindung besteht aus einem Ca^{2+}-Ion und zwei Fluorid-Ionen (F^-).
Na_2SO_4	Die Verbindung besteht aus zwei Na^+-Ionen und einem SO_4^{2-}-Ion. Das Sulfat-Ion ist ein komplexes Anion und besteht aus einem Schwefel- und vier Sauerstoffteilchen. Es hat eine zweifach negative Ladung.

5.1.2 Aufstellen von chemischen Formeln und deren Namen

Für die Benennung von Verbindungen existieren in der Chemie unterschiedliche Systeme. Bisher haben wir schon die Benennung einfacher Salze kennen gelernt. Beispiele hierfür sind Bariumchlorid $BaCl_2$, Natriumsulfid Na_2S oder Aluminiumoxid Al_2O_3. Die Ladung des Kations wird als Index an das Anion geschrieben und umgekehrt. Eine Grundlage für das Aufstellen dieser Formeln ist die Kreuzregel.

Kreuzregel

Die Kreuzregel (◦ Abb. 5.1) funktioniert auch, wenn die Ionen aus mehr Teilchen bestehen, also komplexe Ionen sind.

Die Klammer um das komplexe Ion ist wichtig, da sie anzeigt, dass alle in der Klammer stehenden Teilchen zweimal vorkommen. (Ohne Klammer würde es so aussehen, als wäre das Sauerstoffatom 42-mal vorhanden.)

Der Index „1" wird nicht geschrieben. Klammern werden nur um Ionen geschrieben, die aus mehreren Teilchen bestehen.

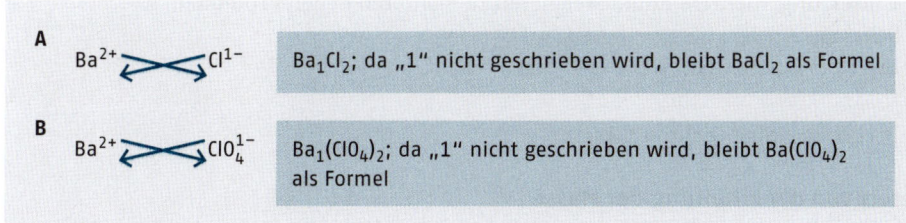

A $Ba^{2+} \bowtie Cl^{1-}$ Ba_1Cl_2; da „1" nicht geschrieben wird, bleibt $BaCl_2$ als Formel

B $Ba^{2+} \bowtie ClO_4^{1-}$ $Ba_1(ClO_4)_2$; da „1" nicht geschrieben wird, bleibt $Ba(ClO_4)_2$ als Formel

○ **Abb. 5.1** Kreuzregel am Beispiel von **A** Bariumchlorid und **B** Bariumperchlorat

Bei vielen Metallen der Hauptgruppen lässt sich die Ladung aus der Nummer der Hauptgruppe ablesen. Bei Nebengruppen- und Halbmetallen wird in Ionenverbindungen die Ladung (= Wertigkeit, Bindigkeit) oft durch eine römische Ziffer in Klammern hinter dem Namen des Metalls angegeben.

Beispiele:
- Eisen(II)-Ion (sprich: „Eisen – zwei – Ion") bedeutet Fe^{2+}.
- Blei(IV)-oxid bedeutet, Pb^{4+} und O^{2-} bilden eine Ionenverbindung mit der Formel PbO_2.

Im Prinzip funktioniert die Kreuzregel auch für Verbindungen aus Nichtmetallen untereinander. Allerdings kommen viele Nichtmetalle in verschiedenen Bindigkeiten vor, sodass sich die genaue Formel nicht immer aus dem PSE ablesen lässt. Deshalb werden die Namen dieser Verbindungen oft durch Zahlsilben ergänzt.

Beispiele:
- Kohlenstoffmonoxid, bedeutet 1 × Kohlenstoff und 1 × Sauerstoff: CO
- Kohlenstoffdioxid, bedeutet 1 × Kohlenstoff und 2 × Sauerstoff: CO_2

Bedeutung der Zahlwörter:

mon(o)	di	tri	tetra	penta	hexa	hepta	octa
1	2	3	4	5	6	7	8

Hier lässt man nach Möglichkeit alle Zahlwörter weg, die nicht zwingend nötig sind (also nicht: Monokohlenstoffmonoxid).

5.2 Chemische Reaktionen und Reaktionsgleichungen

5.2.1 Reaktionstypen und Gesetze

Durch chemische Reaktionen verändern sich Stoffe. Die beteiligten Atome bleiben jedoch alle erhalten. Außerdem findet immer auch eine Energieumwandlung statt.
Bei einer chemischen Gleichung stehen links vom Reaktionspfeil die Ausgangsstoffe (= Edukte) und rechts die Endstoffe (= Produkte).

Reaktionspfeil

Edukte $\xrightarrow{\hspace{2cm}}$ Produkte

Man unterscheidet drei Typen von chemischen Reaktionen:
- **Synthese:** Mehrere Ausgangstoffe reagieren zu einem Produkt.
  Schema: $A + B \longrightarrow C$
  Bsp.: $C + O_2 \longrightarrow CO_2$
- **Analyse:** Ein Edukt wird in mehrere Produkte zerlegt.
  Schema: $A \longrightarrow B + C$
  Bsp.: $2\,CO_2 \longrightarrow 2\,CO + O_2$

Man kann noch zwischen einfacher Umsetzung ($2\,PbO + C \rightarrow CO_2 + 2\,Pb$) und doppelter Umsetzung ($NaCl + AgNO_3 \rightarrow AgCl + NaNO_3$) unterscheiden.

■ **Umsetzung:** Mehrere Edukte reagieren zu mehreren neuen Produkten.

Schema: $A + B \longrightarrow C + D$

Bsp.: $BaCl_2 + Na_2SO_4 \longrightarrow 2\,NaCl + BaSO_4$

Dabei gelten einige wichtige Gesetze.

Gesetz von der Erhaltung der Masse

Bei einer chemischen Reaktion ist die Summe der Massen der Edukte immer gleich der Summe der Massen der Produkte.

Grund: Während einer chemischen Reaktion werden die beteiligten Atome nur neu sortiert, aber sie verschwinden nicht. Auch kommen nicht einfach neue Teilchen dazu, sondern es werden nur die bereits vorhandenen verbaut. Deshalb bleibt auch die Masse von Anfang bis Ende der Reaktion dieselbe.

Gesetz von den konstanten Proportionen

In einer Verbindung sind die Elemente stets in einem ganz bestimmten Massenverhältnis vorhanden. Betrachten wir hierzu die Formel von Wasser H_2O. Immer zwei Wasserstoffatome sind mit einem Sauerstoffatom verbunden. Ein Blick auf das Periodensystem und auf die Atommassen verrät uns, dass hiermit auch 2 Gramm Wasserstoff mit 16 Gramm Sauerstoff verbunden sind. Wichtig ist, dass das Verhältnis der Massen immer konstant bleibt, da sonst kein Wasser mehr vorläge.

5.2.2   Aufstellen von chemischen Gleichungen

Man verwendet dabei Wortgleichungen und Formelgleichungen. Formelgleichungen haben deutlich mehr Aussagekraft und werden deshalb häufiger gebraucht.

Wortgleichung (Reaktionsschema)

Magnesium + Kohlenstoffdioxid $\longrightarrow$ Magnesiumoxid + Kohlenstoff

Formelgleichung erstellen

1. Formeln der Edukte und Produkte richtig anschreiben.

   $Mg \;+\; CO_2 \longrightarrow MgO \;+\; C$

Wichtig: Ab sofort darf an diesen Formeln nichts mehr geändert werden! Sonst würde man die Stoffe verändern.

2. Ausgleich der Atomanzahlen durch Zahlen **vor** den einzelnen Stoffen. Diese Zahlen heißen **Koeffizienten**. Durch den Koeffizienten werden alle Atome der Verbindung multipliziert.

   $2\,Mg + CO_2 \longrightarrow 2\,MgO + C$

3. Kontrolle des Ausgleichs. Auf beiden Seiten des Reaktionspfeils müssen gleich viele Atome einer Art stehen. Das Gleiche gilt später auch für die Ladungen.

   links: $2 \times Mg$, $1 \times C$ und $2 \times O$ rechts: $2 \times Mg$, $2 \times O$ und $1 \times C$

   Stimmt somit!

Zusätzlich wird in der Formelgleichung oft noch angegeben, in welchem Aggregatszustand der Stoff während der Reaktion vorliegt oder ob ein Niederschlag entsteht. ◘ Tab. 5.2 zeigt die entsprechenden Abkürzungen.

◘ **Tab. 5.2** Abkürzung des Aggregatszustands und Bedeutung

Abkürzungen	„Standort"	Bedeutung
↑	Hinter einer Verbindung	Gasförmiger Stoff
↓	Hinter einer Verbindung	Niederschlag, Feststoff
(g)	Hinter einer Verbindung, tiefgestellt	Gasförmiger Stoff
(l)	Hinter einer Verbindung, tiefgestellt	Flüssigkeit
(s)	Hinter einer Verbindung, tiefgestellt	Feststoff
(aq)	Hinter einer Verbindung, tiefgestellt	In Wasser gelöster Stoff, liegt i. d. R. in Ionenform vor

Was sonst noch zu beachten ist:

- Die molekular vorliegenden Elemente (H, N, O, F, Cl, Br und I) werden als Moleküle (H_2, N_2, …) in die Gleichungen eingesetzt.
- Steht in einer Gleichung z. B. 2 $Al_2(SO_4)_3$, so bedeutet das:
  - Es liegt zweimal Aluminiumsulfat vor, oder
  - es liegen vier (2 × 2) Al^{3+}-Ionen und sechs (2 × 3) Sulfat-Ionen vor, oder
  - wir zählen vier Aluminiumteilchen, sechs Schwefelteilchen und 24 (2 × 3 × 4) Sauerstoffteilchen.

Die Bedeutung von chemischen Gleichungen zeigt ○ Abb. 5.2.

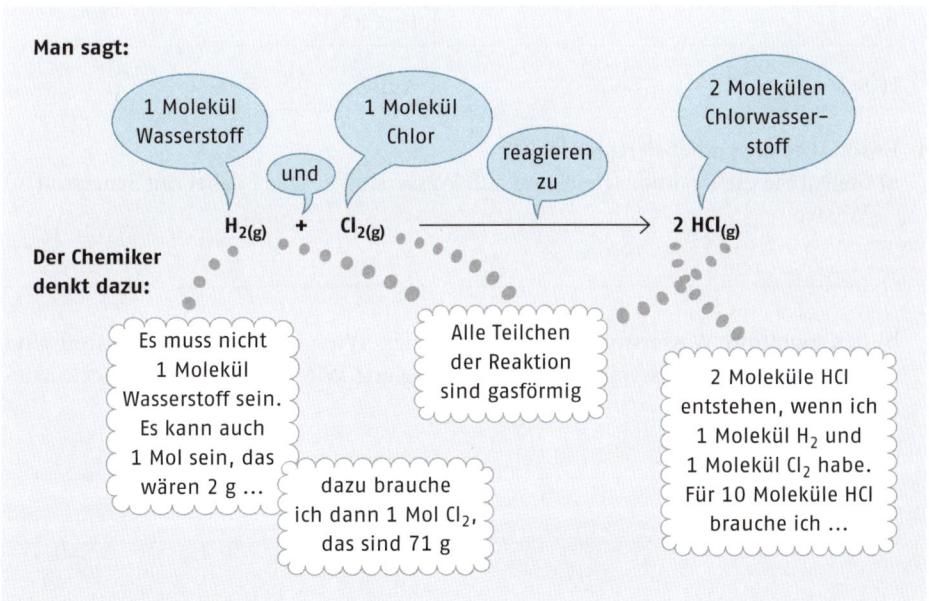

○ **Abb. 5.2** Aussagen einer Reaktionsgleichung

Näheres zu den Berechnungen, die sich aus chemischen Gleichungen ableiten lassen und den sonstigen Aussagen, die man sonst noch herauslesen kann, erfahren Sie in späteren Kapiteln und im Fachrechnen.

Aufgaben zu Kapitel 5

1. Wie viele Teilchen welcher Elemente sind in den Verbindungen jeweils enthalten?

   a) CH_3COOH _____

   b) $Al_2(SO_4)_3$ _____

   c) $(NH_4)_2CO_3$ _____

2. Erstellen Sie die Formeln:

Rubidiumbromid		Calciumbromid	
Lithiumsulfid		Ammoniumoxid	
Eisen(II)-sulfid		Aluminiumsulfid	
Natriumsulfat		Diphosphorpentaoxid	
Schwefeldioxid		Kupfer(II)-oxid	
Strontiumnitrat		Kupfer(I)-oxid	

3. Benennen Sie die Verbindungen:

SO_3		PbO	
$BaSO_4$		$FeCl_3$	
BaS		$Fe(ClO_4)_2$	
H_2S		$AuPO_4$	

4. Es soll Wasser synthetisiert werden.
   a) Stellen Sie die Reaktionsgleichung auf. Wasserstoff reagiert dabei mit Sauerstoff zu Wasser.

   _____

   b) 2 Kilogramm Wasserstoff werden verwendet. Wie viele Gramm Sauerstoff sind nötig, damit der Wasserstoff vollständig reagiert? Wie viele Gramm Wasser entstehen dabei?

   _____

   _____

   _____

   c) Berechnen Sie die Mengen an Wasserstoff und Sauerstoff, die nötig sind, um 9 Tonnen Wasser entstehen zu lassen.

   _____

   _____

   _____

5. Erstellen Sie jeweils die Wortgleichungen und die Formelgleichungen.

a) Wasserdampf wird über glühende Kohle (Kohlenstoff) geleitet. Es entwickelt sich ein Gemenge aus Kohlenstoffmonoxid und Wasserstoffgas.

_____

_____

b) Zink wird in Phosphorsäure gelöst. Es entsteht Zink(II)-phosphat und Wasserstoff entweicht.

_____

_____

c) Quarz (Siliciumdioxid) reagiert mit Koks (Welches Element hinter diesem Stoff steckt, können Sie durch Nachdenken herausfinden!) im elektrischen Ofen zu Siliciumcarbid, während Kohlenstoffmonoxid entweicht.

_____

_____

d) Aluminiumsulfid reagiert mit Schwefelsäure zu Aluminiumsulfat und Schwefelwasserstoff.

_____

_____

e) Das Mineral Pyrit (FeS_2) wird unter Luftzutritt erhitzt. Es entstehen rotes Eisen(III)-oxid und Schwefeldioxidgas.

_____

_____

6 Elektrolyte

Elektrolytersatzlösungen gibt es zur oralen Verabreichung oder in den verschiedensten Zusammensetzungen zur Infusion.

Elektrolyte sind Stoffe, deren wässrige Lösungen oder Schmelzen frei bewegliche Ionen enthalten.

Der Begriff Elektrolyte ist aus der Apotheke oder dem Alltag sicher bekannt. Elektrolytersatzlösungen werden bei starkem Durchfall oder Erbrechen adjuvant in der Therapie verabreicht oder von Ausdauersportlern gerne in Form isotonischer oder leicht hypertoner Getränke zu sich genommen. Was aber sind Elektrolyte chemisch gesehen?

Bei Elektrolyten handelt es sich um ionische Substanzen (= Salze, echte Elektrolyte) oder Stoffe mit sehr polaren Atombindungen, die in wässriger Lösung in Ionen zerfallen können (= potentielle Elektrolyte).

In Wasser werden die Ionen sofort von einer Hydrathülle umgeben (o Abb. 6.1 und ▸ Kap. 4.1.2).

Aufgrund dieser Eigenschaften gehören alle Salze, Säuren und Basen zu den Elektrolyten.

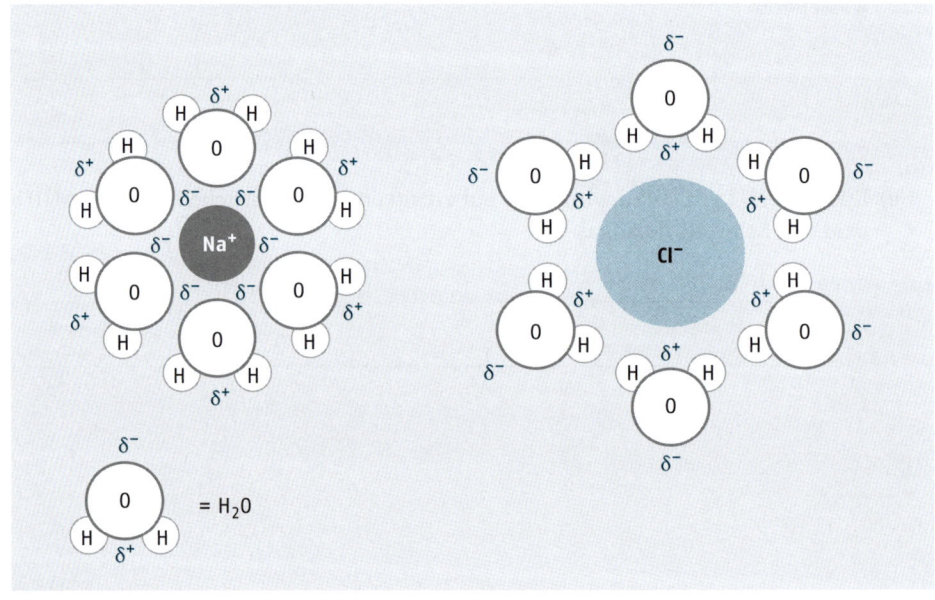

o **Abb. 6.1** Hydratisierte Ionen

Man unterscheidet nach dem Grad der Dissoziation in Ionen **starke** und **schwache** Elektrolyte.

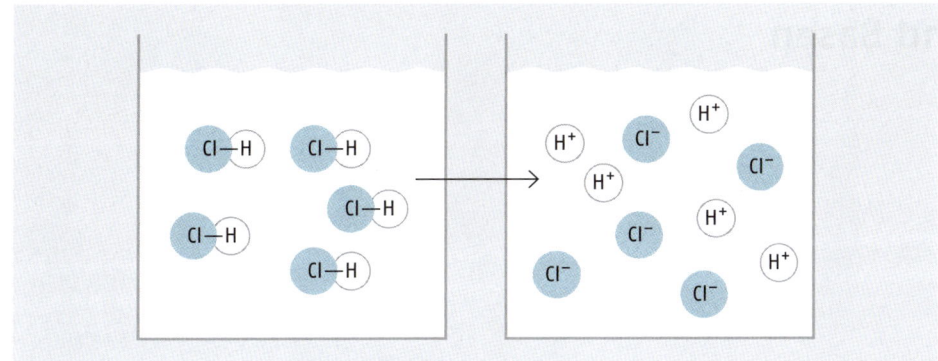

o Abb. 6.2 Dissoziation starker Elektrolyte

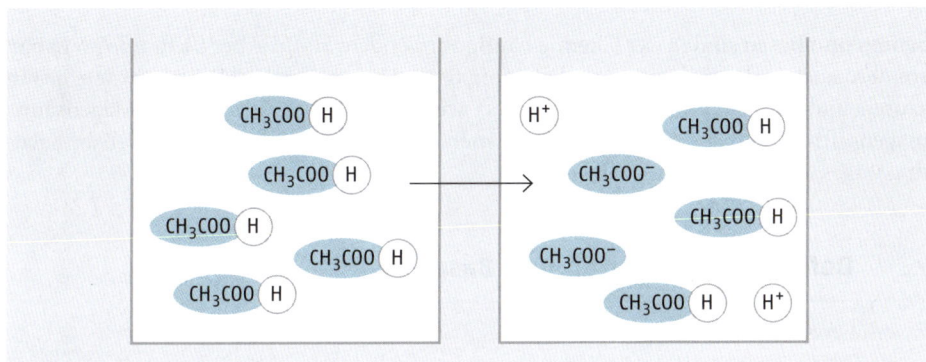

o Abb. 6.3 Dissoziation schwacher Elektrolyte

Starke Elektrolyte: sind Stoffe, die in wässriger Lösung zu praktisch 100 % dissoziieren. Das bedeutet, jedes Teilchen, welches sich löst, bildet Ionen. Zu den starken Elektrolyten gehören starke Säuren und Basen sowie alle Salze.

Beispiel und Veranschaulichung zeigt o Abb. 6.2.
5 Teilchen Chlorwasserstoff werden in Wasser gelöst. Es entstehen 5 Chlorid-Ionen und 5 Protonen (oder durch Reaktion mit Wasser Oxoniumionen).

Schwache Elektrolyte: sind Stoffe, die in wässriger Lösung nur teilweise dissoziieren. Das bedeutet, in der Lösung liegen am Ende sowohl Ionen als auch unveränderte Ausgangsteilchen vor. Hierzu gehören schwache Säuren und schwache Basen.

Beispiel und Veranschaulichung o Abb. 6.3.
5 Teilchen Essigsäure werden in Wasser gelöst. Es entstehen 2 Acetat-Ionen und 2 Protonen (oder durch Reaktion mit Wasser Oxoniumionen). Außerdem bleiben 3 Essigsäuremoleküle undissoziiert.

7 Säuren und Basen

Säuren und Basen sind in der Chemie häufig verwendete Stoffe. Aber nicht nur im Labor, sondern auch in der täglichen Apothekenpraxis und im „normalen" Leben werden Sie mit sauren und basischen Stoffen konfrontiert werden. Denken Sie dabei an Magensäure, magensaftresistent überzogene Arzneiformen, Basenpulver, oder einfach nur an Salatdressing, saure Gurken oder Zitronen.

7.1 Definition von Säuren und Basen

Zwei Theorien zu Säuren und Basen schauen wir uns etwas genauer an.

7.1.1 Theorie nach Arrhenius

Svante Arrhenius: schwedischer Physiker und Chemiker, 1859–1927

Nach dieser Theorie gelten folgende Definitionen:

- Säuren sind Stoffe, die **sauer** schmecken und in Wasser unter **Protonenabgabe** (und folglich Oxoniumionenbildung) reagieren.

Der Geschmack von Chemikalien wird heute nicht mehr geprüft! Trotzdem weiß jeder, dass Essig und Zitrone sauer schmecken.

$$\text{HCl} \quad \xrightarrow{\text{in } H_2O} \quad H^+ \quad + \quad Cl^-$$
Chlorwasserstoff   Proton   Chlorid

$$(H^+ \quad + H_2O \quad \longrightarrow \quad H_3O^+)$$
Proton   Wasser   Oxoniumion

Haben Sie schon einmal Seife in den Mund bekommen?

- Basen sind Stoffe, die **seifig** schmecken und in Wasser unter Abgabe von **Hydroxidionen** dissoziieren.

$$\text{NaOH} \quad \xrightarrow{\text{in } H_2O} \quad Na^+ \quad + OH^-$$
Natriumhydroxid   Natriumion   Hydroxidion

Arrhenius benötigt für seine Theorie Wasser.

Für Arrhenius war es also immer nötig, dass eine Säure-Base-Reaktion in Wasser stattfand und die Base Hydroxidionen enthielt.

Häufig wird für den Reaktionspfeil (→) auch ein Gleichgewichtspfeil (⇌) geschrieben, da die Reaktion oft in beide Richtungen ablaufen kann.

Allgemein lassen sich nach Arrhenius folgende Gleichungen formulieren:

Säure   ⇌   Proton + Säurerest-Anion
HA   ⇌ H^+ + A^-

Base   ⇌   Metall-Kation + Hydroxid-Ion
BOH   ⇌ B^+ + OH^-

Für viele Stoffe und Reaktionen war diese Erklärung gut, allerdings stößt sie bei einigen Stoffen, wie Ammoniak (NH_3), an ihre Grenzen. Sie kennen NH_3 bereits als Base, trotzdem ist in der Formel kein OH^- zu sehen. Deshalb entwickelte Brönsted einige Jahre später eine erweiterte Theorie, nach der es auch kein Problem mehr war, solche Stoffe als Base einzuordnen.

7.1.2 Theorie nach Brönsted

Nach dieser Theorie gelten folgende Definitionen:

- **Säuren** sind Verbindungen, die Protonen abgeben können = **Protonendonatoren.**

$$HCl \longrightarrow H^+ + Cl^-$$

Chlorwasserstoff   Proton   Chlorid

- **Basen** sind Verbindungen, die Protonen aufnehmen können = **Protonenakzeptoren.**

$$NH_3 + H^+ \longrightarrow NH_4^+$$

Ammoniak   Proton   Ammonium

Vorteil: Mit dieser Definition ist es nun nicht mehr nötig, dass Wasser an der Reaktion beteiligt ist. Außerdem müssen Basen nicht mehr zwangsläufig ein Hydroxidion aufweisen.

Man muss lediglich beachten, dass ein Proton nur abgegeben werden kann, wenn auch eine Substanz vorhanden ist, die es aufnimmt. In der Praxis heißt das, dass immer eine Säure-Base-Reaktion stattfindet und nicht eine einzelne „Säure-Reaktion".
Auf eine weitere Säure-Base-Theorie, die nach Lewis, werden wir im Rahmen des Skriptes nicht eingehen.

7.2 Säure–Base–Reaktionen

Bei einer Reaktion zwischen einer Säure und einer Base wird nach Brönsted immer ein Proton von der Säure an die Base abgegeben. Deshalb bezeichnet man diese Art von Reaktion auch als **Protolyse.**
Eine solche Protolyse kann auch ohne die Beteiligung von Wasser stattfinden. Ein Beispiel hierfür ist die Entstehung von Salmiak (Ammoniumchlorid) durch die Reaktion von Chlorwasserstoff mit Ammoniak:

$$HCl + NH_3 \rightleftharpoons NH_4^+ + Cl^-$$

Chlorwasserstoff   Ammoniak   Ammonium   Chlorid

Das Proton wird dabei von Chlorwasserstoff (Säure) auf den Ammoniak (Base) übertragen. Die Reaktion kann auch in die umgekehrte Richtung ablaufen, dann würde das Ammoniumion als Säure fungieren und sein Proton auf das Chloridion (Base) übertragen.
In diesem Zusammenhang spricht man auch von **korrespondierenden oder konjugierten Säure-Base-Paaren.** Die zur Säure HCl gehörende Base (korrespondierende Base) ist das Chlorid. Die zur Base Ammoniak korrespondierende Säure ist das Ammonium-Ion. Für jede Protolyse-Reaktion sind zwei konjugierte Säure-Base-Paare nötig (**○** Abb. 7.1).
Zu jeder Säure gehört somit eine korrespondierende Base. Die Stärke der Säure steht in direktem Zusammenhang zur Stärke der zugehörigen Base.

- **MERKE** Je stärker die Säure, desto schwächer ist die korrespondierende Base und umgekehrt.

Johannes Nicolaus Brönsted: dänischer Physiker und Chemiker, 1879–1947

Brönsted betrachtet Protonenübergänge.

7

Eine Säure und ihre korrespondierende Base unterscheiden sich genau um ein Proton.

HCl   + NH_3 $\rightleftharpoons$ NH_4^+ + Cl^-

Chlorwasserstoff   Ammoniak   Ammonium   Chlorid

Säure 1   Base 2   Säure 2   Base 1

Allgemein:

HA   +   B $\rightleftharpoons$ HB^+ + A^-

Säure 1   Base 2   **Korrespon-**   **Korrespon-**
                dierende   **dierende**
                Säure 2   **Base 1**
                (zur Base 2)   **(zur Säure 1)**

○ **Abb. 7.1** Konjugierte Säure-Basen-Paare

In den Reaktionsgleichungen kann die Stärke einer Säure durch die Pfeillänge der Gleichgewichtspfeile kenntlich gemacht werden.
1. Bei starken Säuren ist der Pfeil länger, der von der Säure weg zeigt.
2. Bei schwachen Säuren ist der Pfeil länger, der auf die Säure hin zeigt.
3. Bei mittelstarken Säuren sind beide Pfeile gleichlang.

Im obigen Beispiel ist Chlorwasserstoff eine starke Säure und Ammonium eine eher schwache Säure. Daher muss die Gleichung mit korrekten Pfeilen so aussehen:

HCl   + NH_3 $\underset{\longleftarrow}{\longrightarrow}$ NH_4^+ + Cl^-
Chlorwasserstoff   Ammoniak   Ammonium   Chlorid

Ein Maß für die Stärke von Basen ist der pK_B-Wert. Je kleiner der pK_B-Wert, desto stärker ist die Base.

Ein Maß für die Stärke von Säuren ist der pK_S-Wert.

■ **MERKE** Je kleiner der pK_S-Wert, desto stärker ist die Säure!

7.2.1 Übersicht über die Stärke einiger Brönsted-Säuren

Ergänzen Sie in ▫ Tab. 7.1 zur Übung die Formeln der Säuren und die Formeln und Namen der korrespondierenden Basen.

Wichtig: Für die Erstellung der korrespondierenden Base darf nur ein Proton von der Säure entfernt werden!

Säurerest ≠ korrespondierende Base! Dies gilt für alle mehrprotonigen Säuren.

Zur Unterscheidung: Außer der korrespondierenden Base gibt es bei Säuren durch Abgabe von Protonen auch noch den Säurerest. Hierfür werden **alle** Protonen einer Säure abgespalten.

□ **Tab. 7.1** Übersicht über die Stärke einiger Brönsted-Säuren

	Säure	pK_S	Säure (Formel)	Korresp. Base (Formel + Name)	
Sehr starke Säuren	Perchlorsäure	−9			Überaus schwache Basen
	Iodwasserstoff	−7			
	Bromwasserstoff	−6			
	Chlorwasserstoff	−3			
	Schwefelsäure	−3			
	Oxonium	−1,74			
Starke Säuren	Salpetersäure	−1,32			Sehr schwache Basen
	Hydrogensulfat	1,92			
	Phosphorsäure	1,96			
	Fluorwasserstoff	3,14			
Schwache Säuren	Essigsäure	4,74			Schwache Basen
	Kohlensäure	6,52			
	Schwefelwasserstoff	6,91			
	Dihydrogenphosphat	7,12			
	Ammonium	9,25			
	Cyanwasserstoff	9,40			
Sehr schwache Säure	Hydrogencarbonat	10,40			Starke Basen
	Monohydrogenphosphat	12,32			
	Hydrogensulfid	12,90			
Überaus schwache Säuren	Wasser	15,74			Sehr starke Basen
	Ammoniak	23,00			
	Hydroxid	24,00			
	Wasserstoff	38,60			

7

Erstellen Sie die Säurereste und deren Namen für:

- Schwefelsäure   _____

- Phosphorsäure   _____

- Kohlensäure   _____

- Schwefelwasserstoff   _____

- Salpetersäure   _____

- Salzsäure   _____

7.2.2 Neutralisation

Unter einer Neutralisation versteht man, dass äquivalente Mengen an Säure und Base miteinander reagieren. Das bedeutet: Alle Protonen der Säure werden durch die Base gebunden. Dazu kann es nötig sein, dass zwei Teilchen Base mit einem Teilchen Säure reagieren müssen. Das ist z. B. der Fall, wenn Schwefelsäure (H_2SO_4) durch Kaliumhydroxid (KOH) neutralisiert werden soll.

$$H_2SO_4 + 2\,KOH \longrightarrow K_2SO_4 + 2\,H_2O$$

Nach **Arrhenius** ist eine Neutralisation somit eine Reaktion nach dem Schema:

$$\text{Säure + Base} \rightleftharpoons \text{(Neutral-)Salz + Wasser}$$

Brönsted betrachtet die Neutralisation als einen Spezialfall der Protolyse, nämlich die Reaktion der Säure H_3O^+ mit der Base OH^-:

$$
\begin{array}{cccccc}
H_3O^+ & + & OH^- & \longleftrightarrow & H_2O & + & H_2O \\
\textbf{Säure 1} & & \text{Base 2} & & \textbf{korr. Base 1} & & \text{korr. Säure 2}
\end{array}
$$

Vereinfacht ist die Neutralisation die Reaktion zwischen einem Proton und einem Hydroxidion:

$$H^+ + OH^- \longrightarrow H_2O$$

Das bei der Neutralisation entstehende Salz liegt in wässriger Lösung vor. Es lässt sich daraus durch Verdampfen des Lösungsmittels auskristallisieren.
Die Salzlösung zeigt bei der Neutralisation einer starken Base mit einer starken Säure einen neutralen pH-Wert. Waren die Säure und die Base jedoch unterschiedlich stark, so findet in Wasser eine weitere Protolysereaktion statt, die den pH-Wert der Lösung verschieben kann (▸ Kap. 12.2).

Praktische Anwendung findet die Neutralisation bzw. die Säure-Base-Reaktion
- in der quantitativen Bestimmung von Säuren und Basen durch Titration,
- in der Anwendung von Antacida gegen Sodbrennen,
- in der Verwendung von Basenpulvern bei Übersäuerung des Körpers,
- beim „Kalken" von Böden mit zu niedrigem pH-Wert, usw.

■ **CAVE** Bei einer Neutralisation wird immer Energie frei, d. h. es wird warm bzw. sehr heiß, wenn konzentrierte Säure mit konzentrierten Laugen reagieren.

Die Rückreaktion der Neutralisation wird auch als **Hydrolyse** bezeichnet. Dieser Begriff wird allgemein für die Umsetzung von Verbindungen mit Wasser verwendet.

7.2.3 Ampholyte

Ampholyte können sowohl Protonen aufnehmen als auch abgeben.
Typische Beispiele für Ampholyte sind:

1. Wasser, welches zu Oxoniumionen oder zu Hydroxidionen reagieren kann.
2. Saure Salze; dabei handelt es sich um Salze mit Anionen mehrprotoniger Säuren, die noch ein Proton enthalten, wie Hydrogencarbonat oder Hydrogensulfat.

= Teilchen, die je nach Reaktionspartner als Säure oder Base reagieren

7.2.4 Verdrängungsreaktionen

Die Verdrängungsreaktion ist ein weiterer Spezialfall der Säure-Base-Reaktion. Hierbei reagiert eine Säure mit einem Salz.
Eine Reaktion kann nur stattfinden, wenn die Säure stärker ist als die Säure, aus der das Salz entstanden ist. Folglich muss die Säure, welche zugegeben wird, den kleineren pK_S-Wert haben.

Beispiel: Im DAC wird für die alternative Identifizierung von Carbonat in Natriumcarbonat die Substanz in Wasser gelöst und mit verdünnter Salzsäure R versetzt. Man beobachtet eine Gasentwicklung, da bei der Reaktion Kohlensäure entsteht, die anschließend zu Wasser und Kohlenstoffdioxid zerfällt:

$$2\,HCl + Na_2CO_3 \longrightarrow 2\,NaCl + H_2CO_3$$

Salzsäure	Salz der Kohlensäure	Natriumchlorid	Kohlensäure
pK_S –3			pK_S 6,52

Die Salzsäure hat einen kleineren pK_S-Wert als die Kohlensäure. Folglich kann Salzsäure aus Natriumcarbonat Kohlensäure freisetzen.
Umgekehrt kann beim Zusatz von Kohlensäure zu Natriumchlorid kein Chlorwasserstoff entstehen, da Kohlensäure eine zu schwache Säure ist.

■ **MERKE** Die stärkere Säure verdrängt die schwächere aus deren Salz.

Versuch für zuhause: Geben Sie Zitronensäurelösung oder Zitronensaft zu Backpulver. Backpulver enthält Natriumhydrogencarbonat.

Analog gilt für Basen: Die stärkere Base verdrängt die schwächere aus ihrem Salz. Der entsprechende Wert, der betrachtet werden muss ist der pK_B-Wert. Er ist ein Maß für die Basenstärke.

7.3 pH-Wert

Um verschiedene Lösungen in Bezug auf ihre sauren bzw. basischen Eigenschaften vergleichen zu können, ist ein Maßsystem nötig. Dieses Maßsystem ist der pH-Wert.

■ **MERKE** Der pH-Wert ist eine Maßeinheit für die Anzahl der in einer Lösung enthaltenen Oxonium-Ionen (H_3O^+) bzw. Protonen (H^+).

Anmerkung: Obwohl Säuren Protonen abgeben, kommen diese nicht frei in der Lösung vor, da sie sich sofort mit Wasser zu Oxoniumionen verbinden. Aus jedem Proton entsteht ein Oxoniumion, sodass die Anzahl der beiden Teilchen gleich groß ist.

Auch destilliertes Wasser leitet in geringem Maß Strom. Wir haben schon gelernt, dass die Leitung von Strom mit dem Vorhandensein geladener Teilchen zusammenhängt. Daraus lässt sich schließen, dass auch in reinem Wasser Ionen vorhanden sein müssen.
Diese Ionen entstehen durch die Eigendissoziation (Autoprotolyse) des Wassers (o Abb. 7.2).
Da für jedes Oxoniumion auch ein Hydroxidion entsteht, ist am **Neutralpunkt** (= pH 7) die Konzentration von Oxonium- und Hydroxidionen gleich groß.
Bei **Säurezusatz** zu einer neutralen Lösung (o Abb. 7.3) erhöht sich die Protonenkonzentration. Die Lösung reagiert zunehmend sauer. Der **pH-Wert** sinkt unter 7.
Bei Basenzusatz zu einer neutralen Lösung (o Abb. 7.4) verringert sich die Protonenkonzentration gegenüber der steigenden Hydroxidionenkonzentration. In der Gleichung sind

Der pH-Wert gibt darüber Auskunft, ob eine Lösung sauer, neutral oder basisch reagiert.

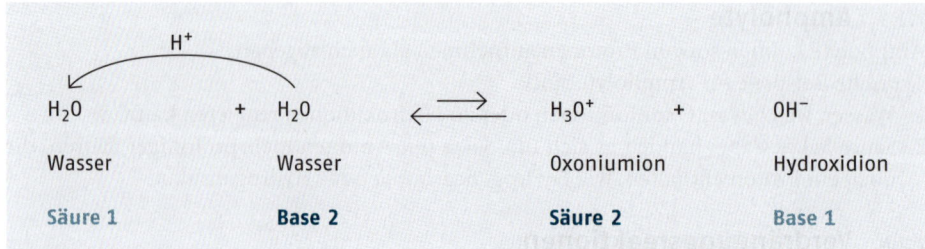

Abb. 7.2 Autoprotolyse von Wasser

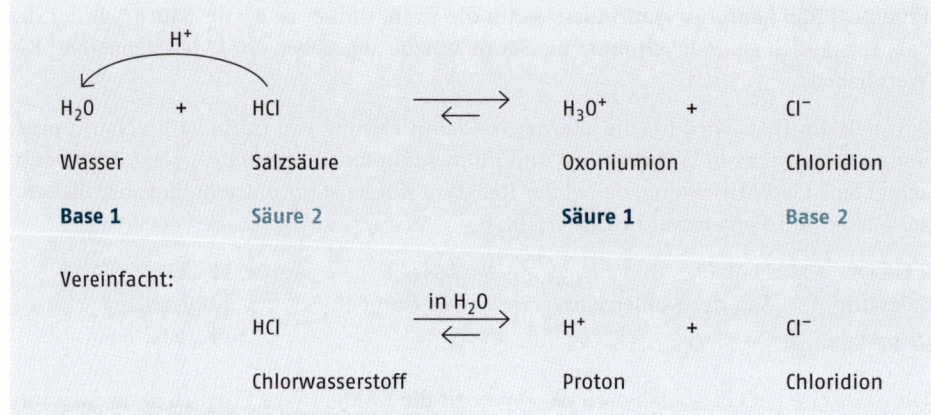

Abb. 7.3 Säurezusatz zu einer neutralen Lösung

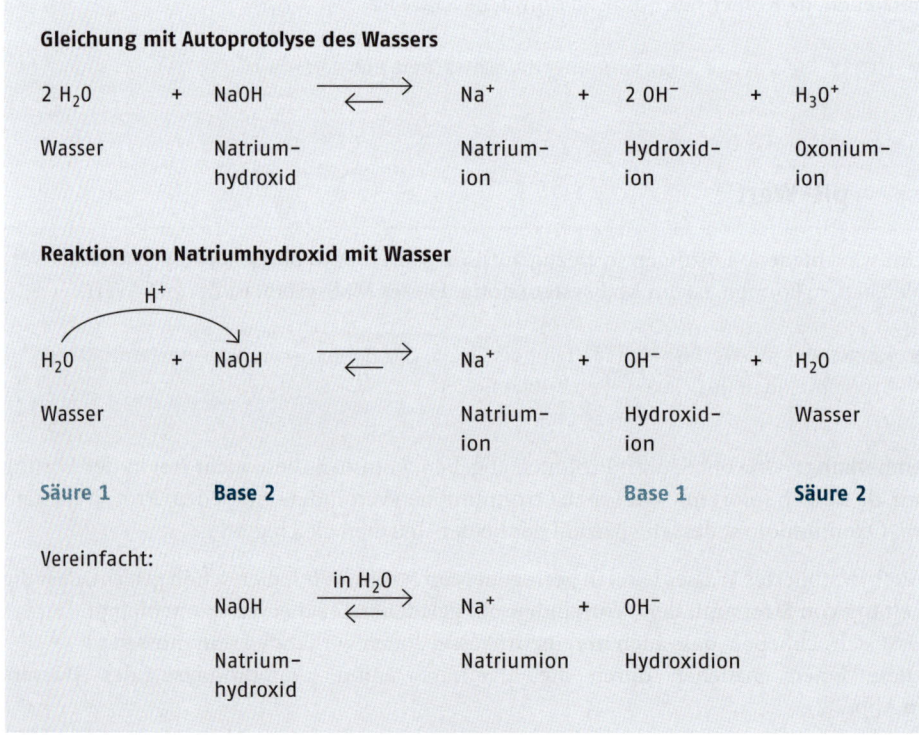

Abb. 7.4 Basenzusatz zu einer neutralen Lösung

nur dann Oxoniumionen zu sehen, wenn die Autoprotolyse des Wassers in die Reaktionsgleichung einbezogen wird. Der pH-Wert steigt über 7.

■ **MERKE** Kennzeichnend für ein saures Milieu ist ein Protonenüberschuss: pH < 7.
Kennzeichnend für ein basisches Milieu ist ein Hydroxidionenüberschuss: pH > 7.
Beispiele für pH-Werte finden Sie in ○Abb. 7.5.

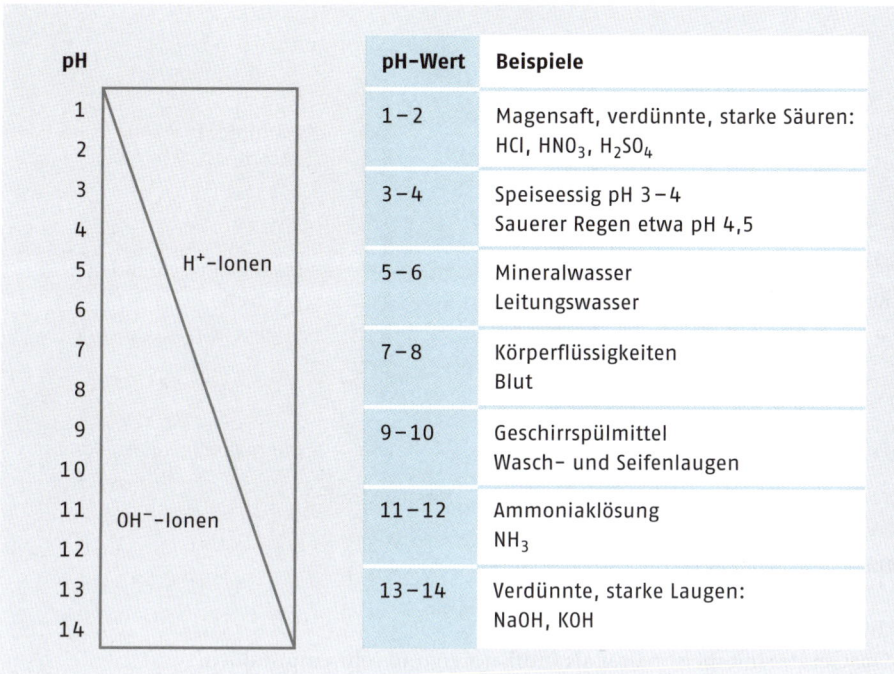

pH-Wert	Beispiele
1–2	Magensaft, verdünnte, starke Säuren: HCl, HNO_3, H_2SO_4
3–4	Speiseessig pH 3–4 Saurer Regen etwa pH 4,5
5–6	Mineralwasser Leitungswasser
7–8	Körperflüssigkeiten Blut
9–10	Geschirrspülmittel Wasch- und Seifenlaugen
11–12	Ammoniaklösung NH_3
13–14	Verdünnte, starke Laugen: $NaOH$, KOH

o Abb. 7.5 pH-Werte: Beispiele

Infobox

- Der pH-Wert berechnet sich als negativ dekadischer Logarithmus der Oxoniumionen-konzentration ($c(H_3O^+)$) einer Lösung: $pH = -\log c(H_3O^+)$.
- Je kleiner der pH-Wert, desto saurer ist die Lösung.
- Es gibt ein analoges Maß für die Hydroxidionenkonzentration: den pOH-Wert. Es gilt: $pH + pOH = 14$.
- Im Labor ist es wichtig, bei bestimmten Reaktionen den pH-Wert zu prüfen, da viele chemische Vorgänge nur bei exakt eingehaltenen pH-Werten ablaufen.

7.3.1 Messung des pH-Wertes

Um pH-Werte richtig einzustellen oder den pH-Wert einer Lösung zu überprüfen, gibt es verschiedene Methoden zur Bestimmung der Protonenkonzentration einer Lösung. Zwei Prinzipien sind hier gebräuchlich: die Messung mithilfe eines Potentiometers und die Bestimmung mit Säure-Base-Indikatoren.

Potentiometer

Gemessen werden Spannungsdifferenzen zwischen einer Mess- und einer Bezugselektrode (o Abb. 7.6). In der Messelektrode liegt eine Lösung mit definiertem pH-Wert vor. Die Bezugselektrode ist pH-unabhängig. Häufig wird hierfür eine Silber-Silberchlorid-Halbzelle verwendet. Beide Elektroden tauchen in die zu messende Lösung ein. Die Spannungsdifferenz ändert sich mit der Konzentration der Protonen in der Lösung.

Vorteile der Messung mit dem Potentiometer sind:

- Hohe Genauigkeit
- Messung auch in getrübten oder farbigen Lösungen

7

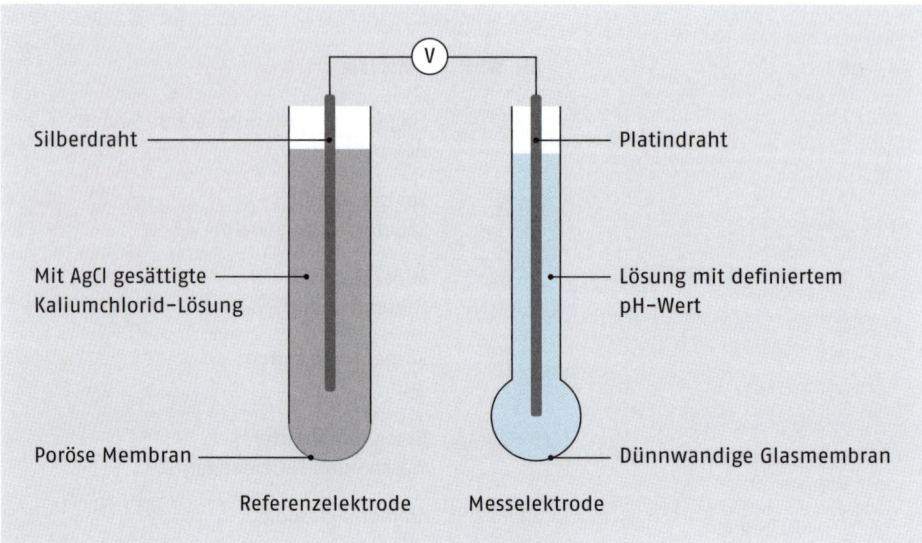

○ Abb. 7.6 Schematische Zeichnung einer pH-Elektrode

Nachteile:

- Die Geräte sind meist teurer als Indikatoren und sehr empfindlich.
- Die Geräte müssen vor jedem Gebrauch mit Pufferlösungen geeicht werden.
- Hohe Salzkonzentrationen führen zu Fehlern in der Messung.
- Bestimmte, meist einwertige Kationen können zu Messfehlern führen.

Säure-Base-Indikatoren

Diese Indikatoren sind schwache organische Säuren bzw. Basen, deren jeweils korrespondierende Base bzw. Säure eine andere Farbe besitzt (○ Abb. 7.7).

Als Beispiel schauen wir uns die Formeln für Thymolblau an. Ganz links ist die Indikatorsäure mit zwei Protonen (H_2Ind), in der Mitte ihre korrespondierende Base, die ein Proton abgegeben hat ($HInd^-$) und rechts der Säurerest, bei dem beide Protonen fehlen (Ind^{2-}).

Jedes der drei Teilchen hat eine andere Farbe. Das bedeutet, dass Thymolblau zwischen pH 1,2 und 2,8 seine Farbe von Rot nach Gelb ändert und zwischen 8,0 und 9,6 von Gelb nach Blau (□ Tab. 7.2).

Jeder Indikator hat spezifische Farben und einen anderen Umschlagspunkt.

■ MERKE Der Umschlagspunkt eines Indikators muss nicht am Neutralpunkt (pH = 7) liegen.

Pflanzliche Farbstoffe haben oft Indikatoreigenschaften. Rotkohl bzw. Blaukraut trägt diese Eigenschaft schon in den beiden Namen. Bei Zugabe von Essig hat es eine rote Farbe, bei Kontakt mit basischem Spülwasser wird es blau. Ähnliche Beobachtungen können Sie machen, wenn Sie Zitronensaft zu Früchtetee geben.

○ Abb. 7.7 Farbänderung von Thymolblau durch pH-Wert-Änderung

◻ **Tab. 7.2** Wichtige Indikatoren und ihre Farben

Indikator	Farbe der Säure	Farbe der Base	Umschlagsbereich
Thymolblau	Rot	Gelb	1,2–2,8
Thymolblau	Gelb	Blau	8,0–9,6
Methylorange	Rot	Gelb	3,0–4,4
Phenolphthalein	Farblos	Rot	~ 8,2
Lackmus	Rot	Blau	4,5–8,3

Durch Mischung verschiedener Indikatoren lassen sich Universalindikatoren herstellen, die den gesamten Bereich von pH 1 bis 14 abdecken.

Vorteile der Messung mit Indikatoren:
- Sehr schnell
- Günstig

Nachteile der Messung mit Indikatoren:
- Ungenauer als die Messung mit dem Potentiometer.
- Verfärbung der Lösung, wenn Indikator in die Lösung gegeben wird. Vermeiden lässt sich dies durch die Verwendung versiegelter Indikatorstäbchen oder durch die Glasstabmethode. Hierbei wird die zu prüfende Lösung mit einem Glasstab auf ein Stück Indikatorpapier aufgetropft.

Indikatorpapiere gibt es mit unterschiedlicher Genauigkeit. Die einfachsten zeigen nur einen Umschlag und damit nur sauer oder alkalisch an. Schon besser sind Universalindikatorpapiere, die in 1er-Schritten eine pH-Wert-Änderung erkennen lassen. Am genauesten sind Spezialindikatorpapiere, die eine Ablesegenauigkeit von einer Stelle nach dem Komma erlauben.

7.4 Pufferlösungen

Für viele chemische Reaktionen, Rezepturen und Abläufe im Körper ist ein konstanter pH-Wert wichtig. Fügt man destilliertem Wasser eine geringe Menge Säure oder Base zu, so ändert sich der pH-Wert sofort stark. Verhindern lässt sich diese starke Änderung durch den Zusatz von Pufferlösungen. Diese können kleine Mengen an Säure oder Base abfangen und den pH-Wert so relativ konstant halten.
Puffer bestehen aus einer schwachen bis mittelstarken Säure und deren Alkalisalz oder aus einer schwachen Base und deren Halogenid. Am besten ist eine Mischung, die aus gleichen Mengen Säure und Salz bzw. Base und Salz besteht. Solche Mischungen heißen äquimolar.

= Mischung aus schwacher Säure + deren Alkalisalz oder aus schwacher Base + deren Halogenid

7.4.1 Was sind Puffer?
Gebräuchliche Pufferlösungen sind beispielsweise
- im Arzneibuch:
  - Acetat-Pufferlösung aus Essigsäure und Natriumacetat
  - Ammoniumchlorid-Pufferlösung aus Ammoniak und Ammoniumchlorid
  - Phosphat-Pufferlösung aus verschiedenen Kombinationen der Phosphorsäuresalze, je nach gewünschtem pH-Wert
- in der Rezeptur:
  - Citronensäure/Natriumcitrat-Pufferlösung
  - Milchsäure/Natriumlactat-Pufferlösung

Besonders wichtig ist ein konstanter pH-Wert von etwa 7,35 bis 7,45 im Blut. Wird dieser Bereich verlassen, arbeiten die Enzyme des Stoffwechsels nicht mehr richtig. In Extremfällen kann dies zu Koma oder Tod des Patienten führen. pH-Werte im Blut von kleiner als 7,35 bezeichnet man als Acidose, pH-Werte von größer 7,45 als Alkalose. Puffersysteme im Blut sind:
- Kohlensäure-Hydrogencarbonat-Puffer
- Phosphatpuffer
- Eiweißpuffer
- Hämoglobin

Einige Wirkstoffe sind nur in einem sehr engen pH-Bereich stabil, sodass Rezepturen teilweise gepuffert werden müssen.

Im menschlichen Körper halten verschiedene Puffersysteme den pH-Wert der Körperflüssigkeiten konstant.

7

Der wichtigste davon ist der Kohlensäure-Hydrogencarbonat-Puffer, da dieser über das Kohlenstoffdioxid direkt mit der Atmung zusammenhängt. Bei einer Übersäuerung des Körpers kann so vermehrt CO_2 abgeatmet werden.

7.4.2 Funktionsweise der Puffer

Protonen bzw. Oxoniumionen werden von der Base des Systems gebunden und liegen so nicht mehr frei in der Lösung vor. Folglich haben sie auch keinen Einfluss auf den pH-Wert:

$$CH_3COO^- + H_3O^+ \longrightarrow CH_3COOH + H_2O$$

Hydroxidionen reagieren mit der Säure des Puffers und haben so ebenfalls keinen Einfluss mehr auf den pH-Wert der Lösung:

$$CH_3COOH + OH^- \longrightarrow CH_3COO^- + H_2O$$

Puffer können nur funktionieren, solange noch Base bzw. Säure vorhanden ist, die Oxoniumionen bzw. Hydroxidionen abfangen kann. Ihre Wirksamkeit hängt also von der Menge an vorhandenen Teilchen ab. In diesem Zusammenhang spricht man auch von **Pufferkapazität**.

= die Menge an Protonen oder Hydroxidionen, die ein Puffer abfangen kann, bis sich der pH-Wert um eine Einheit ändert

Aufgaben zu Kapitel 7

1. Formulieren Sie die Protolysereaktionen der Substanzen in Wasser:

   a) Salpetersäure _____

   b) Ammoniak _____

   c) Essigsäure _____

   d) Phosphorsäure
   (erster Protolyseschritt) _____

   e) Blausäure (Cyanwasserstoff) _____

   f) Kaliumhydroxid _____

2. Kennzeichnen Sie in den Gleichungen aus Aufgabe 1 jeweils die korrespondierenden Säure-Base-Paare.

3. In einem Magenpulver sind Natriumdihydrogenphosphat, Natriummonohydrogenphosphat, Kaliumcarbonat, Natriumhydrogencarbonat und Kalk (= Calciumcarbonat) enthalten.

   a) Geben Sie die Formeln der Verbindungen an:

   Natriumdihydrogenphosphat _____

   Natriummonohydrogenphosphat _____

   Kaliumcarbonat _____

   Natriumhydrogencarbonat _____

   Kalk _____

b) Für welche Indikation kann dieses Pulver verwendet werden? Begründen Sie Ihre Antwort, in dem Sie Gemeinsamkeiten der fünf Salze herausfinden.

4. Ordnen Sie die Formeln der Säuren Fluorwasserstoff, Kohlensäure und Schwefelsäure nach Säurestärke. Mit welchem Zahlenwert können Sie Ihre Reihenfolge begründen?

5. Formulieren Sie die Neutralisationsreaktionen und benennen Sie die entstehenden Salze:

a) Schwefelsäure reagiert mit Ammoniumhydroxid

b) Salzsäure reagiert mit Bariumhydroxid

c) Phosphorsäure reagiert mit Kaliumhydroxid

d) Kohlensäure reagiert mit Aluminiumhydroxid

6. Kann man mit Salzsäure und Natronlauge (= Natriumhydroxid-Lösung) Nudeln kochen? Was muss gegebenenfalls beachtet werden? Begründen Sie Ihre Antwort mit einer Reaktionsgleichung.

7. Ergänzen Sie:

Säure	Korrespondierende Base (Formel und Name)
H_2SO_4	
H_2O	
HCO_3^-	
$HClO_4$	
$H_2PO_4^-$	

Base	Korrespondierende Säure (Formel und Name)
NH_3	
H_2O	
HCO_3^-	
F^-	
$H_2PO_4^-$	

8. Kann jeweils eine Verdrängungsreaktion stattfinden? Formulieren Sie gegebenenfalls die Reaktionsgleichung:
   a) Salpetersäure wird zu einem Hydrogensulfat gegeben

   b) Salpetersäure wird zu Phosphorsäure gegeben

   c) Salpetersäure wird zu Kaliumacetat gegeben

   d) Essigsäure wird zu Natriumphosphat gegeben.

9. Recherchieren Sie im Internet, auf welche Vorgänge im Körper oder in der Umwelt der pH-Wert Einfluss hat. Drei Beispiele genügen!

_____

_____

_____

10. Zu einem Puffer aus Natriumdihydrogenphosphat und Natriummonohydrogen-phosphat werden
    a) Salzsäure
    b) Natronlauge
    gegeben. Formulieren Sie die Reaktionsgleichungen.

    a) _____

    b) _____

3. Gehen Sie für einen Ammoniumchlorid-Puffer genauso vor.

    a) _____

    b) _____

8 Redoxreaktionen

8.1 Oxidationszahlen

Die Oxidationszahl (OZ) wird auch als oxidative Wertigkeit oder **Oxidationsstufe** bezeichnet. Sie gibt an, welche Ladung ein Atom in einer Verbindung besitzt, wenn man sich das Teilchen aus Ionen aufgebaut denkt.

- Bei einfachen Ionen entspricht die Oxidationszahl der Ladung des Ions, also der Ionenwertigkeit.
- Bei Atombindungen ordnet man das gemeinsame Elektronenpaar immer dem elektronegativeren Partner zu. Daraus ergibt sich auch das Vorzeichen der OZ.

8.1.1 Schreibweise

- In **Formeln** wird die OZ wird im Regelfall als römische Ziffer senkrecht **über** das Elementsymbol geschrieben.

$$\overset{+I\;-II}{H_2O}$$

- Im **Namen** kann die OZ als römische Ziffer in Klammern **hinter** den Elementnamen geschrieben werden; zum Beispiel: Eisen(**II**)-chlorid.

Die Bestimmung der OZ erfolgt nach bestimmten Regeln, die in der angegebenen Reihenfolge überprüft werden müssen (**○** Abb. 8.1).
Haben alle Teilchen eine OZ? Wenn nicht, dann werden die Oxidationszahlen der fehlenden Teilchen ausgerechnet. Dabei gilt:

- Die Oxidationszahl einfacher Ionen entspricht ihrer Ladung.
  $Fe^{3+} \longrightarrow$ OZ +III
- Die Summe der Oxidationszahlen in einem komplexen Ion entspricht der Ladung.

  PO_4^{3-} OZ von Phosphor =? $\qquad 4 \times (-II) + ? = -3 \qquad ? = +V$
  bekannt: Sauerstoff –II

- In neutralen Verbindungen ist die Summe der OZ gleich Null.

  H_2SO_3 OZ von Schwefel = ? $\qquad 2 \times (+I) + 3 \times (-II) + ? = 0 \qquad ? = +IV$
  bekannt: Wasserstoff +I und Sauerstoff –II

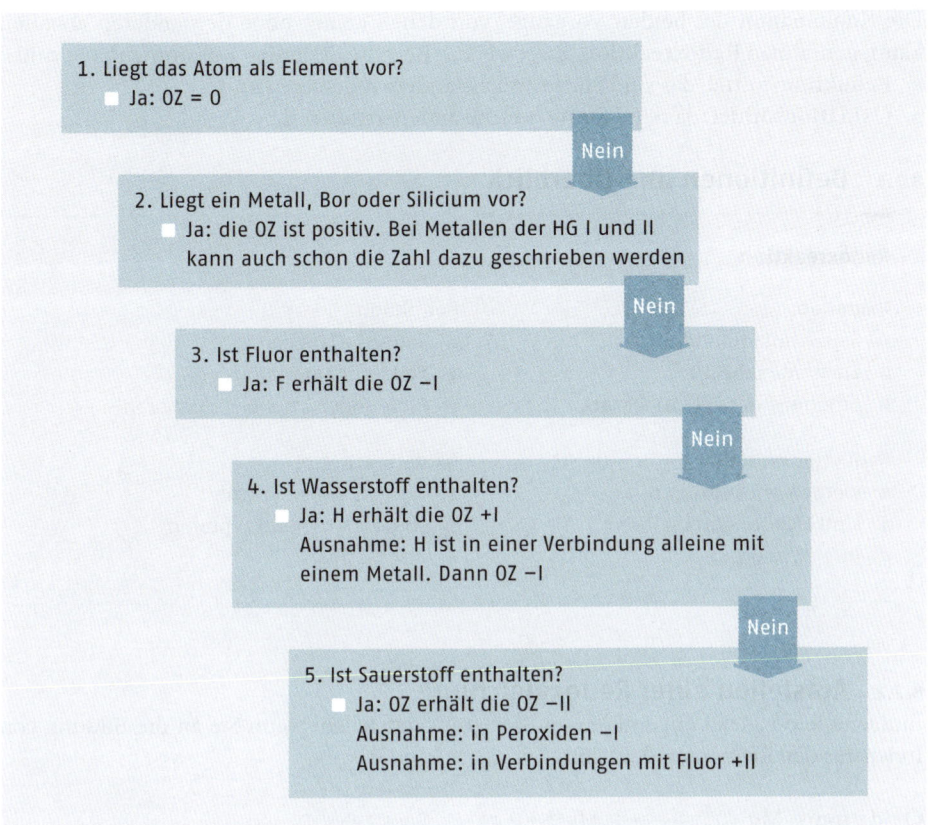

1. Liegt das Atom als Element vor?
   ☐ Ja: OZ = 0

   Nein

2. Liegt ein Metall, Bor oder Silicium vor?
   ☐ Ja: die OZ ist positiv. Bei Metallen der HG I und II
   kann auch schon die Zahl dazu geschrieben werden

   Nein

3. Ist Fluor enthalten?
   ☐ Ja: F erhält die OZ −I

   Nein

4. Ist Wasserstoff enthalten?
   ☐ Ja: H erhält die OZ +I
   Ausnahme: H ist in einer Verbindung alleine mit
   einem Metall. Dann OZ −I

   Nein

5. Ist Sauerstoff enthalten?
   ☐ Ja: OZ erhält die OZ −II
   Ausnahme: in Peroxiden −I
   Ausnahme: in Verbindungen mit Fluor +II

○ **Abb. 8.1** Ermittlung von Oxidationszahlen

8.2 Oxidation und Reduktion

Ähnlich wie bei den Säure-Base-Theorien gab es auch bei den Redoxreaktionen eine Weiterentwicklung der ursprünglichen Ansichten zu den Vorgängen bei den Reaktionen. Die ursprüngliche Idee war, dass es sich bei der **Oxidation** um die Reaktion eines Stoffes mit Sauerstoff handelt. Dabei nimmt ein Stoff Sauerstoff auf und bildet ein Oxid:

$$2\,Mg + O_2 \longrightarrow 2\,MgO \hspace{3cm} \text{Gleichung 1}$$

Eine **Reduktion** war nach dieser Vorstellung der Zerfall von Oxiden und somit die Abgabe von Sauerstoff:

$$2\,NO \longrightarrow N_2 + O_2 \hspace{3cm} \text{Gleichung 2}$$

Durch weitere Überlegungen kam man zu dem Schluss, dass bei dieser Art von Reaktion immer Elektronen übertragen werden.
Die **Oxidation** (Sauerstoffaufnahme) ist dabei mit einer Elektronenabgabe verknüpft, die sichtbar wird, wenn man in Gleichung 1 nur das Magnesium betrachtet:

$$2\,Mg \longrightarrow 2\,Mg^{2+} + 4\,e^-$$

Ähnlich den Protonen bei der Säure-Base-Reaktion können auch die Elektronen nie alleine vorkommen, sodass die Elektronenabgabe immer mit einer Elektronenaufnahme verbunden ist. Diese Elektronenaufnahme heißt **Reduktion**. Hierfür betrachten wir in Gleichung 1 nur den Sauerstoff:

$$O_2 + 4\,e^- \longrightarrow 2\,O^{2-}$$

8

Damit es eine Oxidation gibt, muss auch immer eine Reduktion ablaufen.

Die Kombination der beiden Vorgänge, von denen keiner ohne den anderen ablaufen kann, nennt man **Redoxreaktion**. Zwei weitere Begriffe in diesem Zusammenhang sind:

- **Reduktionsmittel**, das sind Stoffe, welche andere reduzieren und
- **Oxidationsmittel**, das sind Stoffe, welche andere oxidieren.

8.2.1   Definitionen und Überblick

Redoxreaktion

Oxidation
- Sauerstoffaufnahme
- Elektronenabgabe
- Erhöhung der Oxidationszahl

Reduktion
- Sauerstoffabgabe
- Elektronenaufnahme
- Erniedrigung der Oxidationszahl

Reduktionsmittel
- werden selbst oxidiert
- sind Elektronendonatoren
- ihre OZ steigt

Oxidationsmittel
- werden selbst reduziert
- sind Elektronenakzeptoren
- ihre OZ sinkt

8.2.2   Aufstellen einer Redoxgleichung

Einfache Redoxgleichungen können Sie bereits aufstellen, wenn Sie an die Bildung von Ionen aus den Elementen denken:

Die Ionenbildung aus den Elementen ist eine Redoxreaktion.

Oxidation: $Mg \longrightarrow Mg^{2+} + 2\,e^-$
Reduktion: $S + 2\,e^- \longrightarrow S^{2-}$

Wichtig ist hierbei, dass auf beiden Seiten der Gleichung immer gleich viele Teilchen und Ladungen stehen. **Elektronen zählen nur als Ladung, nicht als Teilchen!** Für kompliziertere Redoxsysteme ist es sinnvoll, nach einem Schema für das Aufstellen der Gleichungen vorzugehen. Wichtig ist dabei, die Reihenfolge der einzelnen Schritte einzuhalten.

Als Beispiel betrachten wir die Reaktion von Bromationen mit Iodidionen im sauren Milieu. Die Produkte sind Iod und Bromidionen.

1. Bestimmung der **Formeln** von Edukten und Produkten:

   $BrO_3^- + I^-$ ergibt $Br^- + I_2$

2. Schreiben Sie die **Oxidationszahlen** über die Elemente:

   $\overset{+V\ -II}{BrO_3^-} + \overset{-I}{I^-}$ ergibt $\overset{-I}{Br^-} + \overset{0}{I_2}$

3. Aufstellen der Teilgleichungen für Oxidation und Reduktion in **Ionenform**. Hier reicht es, die OZ der Elemente zu übertragen, deren OZ sich ändert:

   Red.: $\overset{+V}{BrO_3^-} \longrightarrow \overset{-I}{Br^-}$

   Ox.: $\overset{-I}{I^-} \longrightarrow \overset{0}{I_2}$

Atombindungen bleiben zusammen, Ionenbindungen werden getrennt, außer es handelt sich um schwerlösliche Salze wie MnO_2 oder Cu_2O.

4. Ausgleichen der **Koeffizienten** der Atome, bei denen sich die Oxidationszahl ändert:

   Red.: $\overset{+V}{BrO_3^-} \longrightarrow \overset{-I}{Br^-}$

   Ox.: $\overset{-I}{2\,I^-} \longrightarrow \overset{0}{I_2}$

5. Änderung der Oxidationszahlen durch **Elektronenausgleich**:
   - Oxidation: Elektronenabgabe,
   - Reduktion: Elektronenaufnahme.
   - Vorsicht: Anzahl der Atome beachten!

$$\text{Red.:} \quad \overset{+V}{Br}O_3^- + 6\,e^- \longrightarrow \overset{-I}{Br^-}$$

$$\text{Ox.:} \quad 2\,\overset{-I}{I^-} \longrightarrow \overset{0}{I_2} + 2\,e^-$$

6. **Ladungsvergleich**:

$$\text{Red.:} \quad \overset{+V}{Br}O_3^- + 6\,e^- \longrightarrow \overset{-I}{Br^-} \quad -7/-1 \; \textit{Differenz 6}$$

$$\text{Ox.:} \quad 2\,\overset{-I}{I^-} \longrightarrow \overset{0}{I_2} + 2\,e^- \quad -2/-2 \; \textit{Differenz 0}$$

Die Oxidationsgleichung hat links und rechts des Reaktionspfeils gleich viele Ladungen und ist damit fertig.

7. **Ladungsausgleich**:
   - im Sauren durch Oxoniumionen (H_3O^+),
   - im Alkalischen durch Hydroxid-Ionen (OH^-).

$$\text{Red.:} \quad \overset{+V}{Br}O_3^- + 6\,e^- + 6\,H_3O^+ \longrightarrow \overset{-I}{Br^-}$$

$$\text{Ox.:} \quad 2\,\overset{-I}{I^-} \longrightarrow \overset{0}{I_2} + 2\,e^-$$

8. **Elementausgleich**: Berichtigen der Gleichung durch Wassermoleküle auf der anderen Seite:

$$\text{Red.:} \quad \overset{+V}{Br}O_3^- + 6\,e^- + 6\,H_3O^+ \longrightarrow \overset{-I}{Br^-} + 9\,H_2O$$

$$\text{Ox.:} \quad 2\,\overset{-I}{I^-} \longrightarrow \overset{0}{I_2} + 2\,e^-$$

9. Bilden des „kleinsten gemeinsamen Vielfachen" (kgV) für die Elektronenabgabe und -aufnahme und **Multiplikation der Teilgleichungen** mit den errechneten Werten:

$$\text{Red.:} \quad \overset{+V}{Br}O_3^- + 6\,e^- + 6\,H_3O^+ \longrightarrow \overset{-I}{Br^-} + 9\,H_2O \quad |\times 1$$

$$\text{Ox.:} \quad 2\,\overset{-I}{I^-} \longrightarrow \overset{0}{I_2} + 2\,e^- \quad |\times 3$$

$$\text{(Ox.:)} \quad 6\,I^- \longrightarrow 3\,I_2 + 6\,e^-$$

10. **Addition** der Teilgleichungen (evtl. kürzen):

Redoxreaktion:
$$BrO_3^- + 6\,e^- + 6\,H_3O^+ + 6\,I^- \longrightarrow Br^- + 9\,H_2O + 3\,I_2 + 6\,e^-$$

Gekürzte Redoxreaktion:
$$BrO_3^- + 6\,H_3O^+ + 6\,I^- \longrightarrow Br^- + 9\,H_2O + 3\,I_2$$

Blick auf die Oxidationszahlen und die Anzahl der betroffenen Atome (Indizes und Koeffizienten beachten!)

Blick auf die Ladungen, Elektronen zählen als Ladung, Koeffizienten beachten – Oxidationszahlen und Indizes dürfen Sie ausblenden.

8

Natürlich muss man das später nicht mehr so ausführlich schreiben. Normalerweise reichen drei bis vier Zeilen:

$$\text{Red.:} \quad \overset{+V}{Br}O_3^- + 6\,e^- + 6\,H_3O^+ \longrightarrow \overset{-I}{Br}^- + 9\,H_2O \quad |\times 1$$

$$\text{Ox.:} \quad 2\,\overset{-I}{I} \longrightarrow \overset{0}{I_2} + 2\,e^- \quad |\times 3$$

Redoxreaktion:
$$BrO_3^- + 6\,e^- + 6\,H_3O^+ + 6\,I^+ \longrightarrow Br^- + 9\,H_2O + 3I_2 + 6e^-$$

Gekürzte Redoxreaktion:
$$BrO_3^- + 6\,H_3O^+ + 6\,I^- \longrightarrow Br^- + 9\,H_2O + 3I_2$$

8.2.3 Besondere Redoxreaktionen

Redoxreaktionen können nicht nur zwischen unterschiedlichen Teilchen stattfinden, sondern es gibt auch den Fall, dass eine Teilchenart sowohl reduziert als auch oxidiert wird. Diesen Vorgang nennt man Disproportionierung. Der umgekehrte Fall wird als Synproportionierung bezeichnet.

Disproportionierung: Ein Redoxvorgang, bei dem ein Element sowohl oxidiert als auch reduziert wird. Aus einer Verbindung entstehen also zwei Produkte mit einer höheren und einer niedrigeren Oxidationszahl dieses Elements (**o** Abb. 8.2 A).

Synproportionierung: Aus zwei Verbindungen, die ein Element in einer niedrigeren und einer höheren Oxidationsstufe enthalten, entsteht ein Produkt mit mittlerer Oxidationsstufe dieses Elements (**o** Abb. 8.2 B).

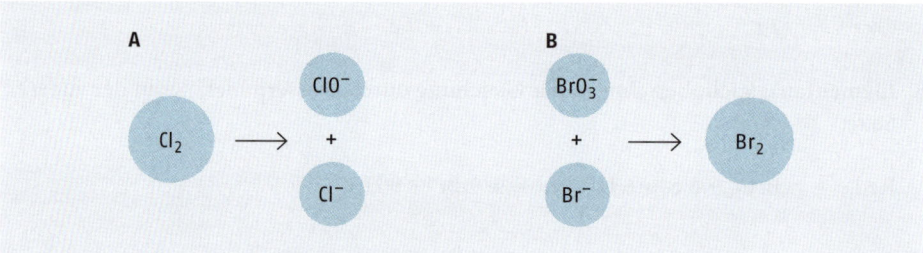

o Abb. 8.2 Beispiele für **A** Disproportionierung und **B** Synproportionierung

8.3 Die Spannungsreihe der Metalle

Einige Metalle lösen sich in verdünnten Säuren auf, andere dagegen nicht, zum Beispiel Gold.
Natrium dagegen lässt sich sogar schon in Wasser auflösen.
Um Eisen vor dem Verrosten zu schützen, werden Eisenbleche mit einer Zinkschicht überzogen. So löst sich erst das Zink auf, und das Eisen bleibt länger intakt.
Alle diese Phänomene lassen sich mit der Spannungsreihe der Metalle (gekürzte Spannungsreihe **□** Tab. 8.1) erklären.

□ Tab. 8.1 Gekürzte Spannungsreihe der Metalle

I. bis III. HG					Nebengruppenelemente							IV. HG			V. HG			(Halb-)Edelmetalle				
K	Ca	Na	Mg	Al	Mn	Zn	Cr	Fe	Cd	Co	Ni	Sn	Pb	H₂	Sb	Bi	As	Cu	Ag	Hg	Pt	Au

Merkhilfe: Denken Sie an Disharmonie oder Distanz und Sinfonie oder synchron.

Das Verzinken von Eisen wird bei Autokarosserien eingesetzt.

Jedes elementare Metall kann Elektronen an die Ionen von Metallen abgeben, die in der Spannungsreihe weiter rechts stehen als das Metall selbst.

Man sagt: Ein Metall ist umso unedler, je weiter links es in der Spannungsreihe steht.

Beispiele:

$$Mg \; + \; Fe^{2+} \; \longrightarrow \; Mg^{2+} + Fe$$
Metall   Ion

Die Reaktion findet statt, da das Metall weiter links in der Spannungsreihe steht als das Ion.

$$Zn \; + \; Na^+ \; \nrightarrow$$
Metall   Ion

Es findet keine Reaktion statt, da das Metall weiter rechts in der Spannungsreihe steht als das Ion.

Der Wasserstoff in der Spannungsreihe steht für die Fähigkeit der Metalle, mit den Säureprotonen zu reagieren.

> ■ **MERKE** Die Metalle, die links von Wasserstoff stehen, lösen sich in verdünnten Säuren auf, die Metalle rechts des Wasserstoffs nicht.

Bei der Reaktion von Metallen mit nicht oxidierenden Säuren entsteht Wasserstoffgas:

$$Fe \; + \; 2\,H^+ \; \longrightarrow \; H_2\uparrow \; + \; Fe^{2+}$$
$$Au \; + \; H^+ \; \nrightarrow$$

Die Metalle, die rechts vom Wasserstoff stehen, lassen sich nur in **oxidierenden Säuren** wie Schwefelsäure oder Salpetersäure lösen. Dies lässt sich aus der bisherigen Spannungsreihe aber nicht ablesen, da hier die Metalle nicht mehr mit den Protonen, sondern mit dem Säurerest reagieren.

Aus diesem Grund hat man die Spannungsreihe (□ Tab. 8.2) erweitert. Man kann jedem Redoxsystem ein Standardnormalpotenzial zuordnen, aus dem sich ableiten lässt, ob zwischen den beteiligten Stoffen eine Reaktion stattfindet.

Das funktioniert so ähnlich wie die Betrachtung der pK$_S$-Werte bei verschiedenen Säuren, nur dass hier Elektronen übertragen werden.

8

Beispiele:

Werden Aluminium als Metall (Al) und Chrom als Ion (Cr^{3+}) zusammengegeben, findet eine Reaktion statt.

$$E_0\,(\mathbf{Al}/Al^{3+}) \; = \; -1{,}68 \; V$$
$$E_0\,(Cr/\mathbf{Cr}^{3+}) \; = \; -0{,}7 \; V$$

Werden dagegen Aluminium als Ion (Al^{3+}) und Chrom als Metall (Cr) zusammengegeben, findet keine Reaktion statt.

$$E_0\,(Al/\mathbf{Al}^{3+}) \; = \; -1{,}68 \; V$$
$$E_0\,(\mathbf{Cr}/Cr^{3+}) \; = \; -0{,}74 \; V$$

Die Teilchen mit dem niedrigeren Normalpotenzial (reduzierte Form) geben Elektronen an die Teilchen mit dem höheren Normalpotenzial (oxidierte Form) ab.

Das Normalpotenzial ist in der Praxis von einigen Faktoren abhängig:
- ■ Art des Stoffes,
- ■ Konzentration und
- ■ pH-Wert.

Es ist deshalb bei Redoxreaktionen besonders wichtig exakt zu arbeiten, damit die Reaktion auch wie gewünscht abläuft.

◻ **Tab. 8.2** Spannungsreihe (Auszug)

Reduzierte Form		Oxidierte Form	+ n e⁻	Normalpotenzial E_0/V
K	$\rightleftarrows$	K^+	+ e⁻	−2,92
Ca	$\rightleftarrows$	Ca^{2+}	+ 2 e⁻	−2,87
Na	$\rightleftarrows$	Na^+	+ e⁻	−2,71
Mg	$\rightleftarrows$	Mg^{2+}	+ 2 e⁻	−2,37
Al	$\rightleftarrows$	Al^{3+}	+ 3 e⁻	−1,68
Mn	$\rightleftarrows$	Mn^{2+}	+ 2 e⁻	−1,19
Zn	$\rightleftarrows$	Zn^{2+}	+ 2 e⁻	−0,76
Cr	$\rightleftarrows$	Cr^{3+}	+ 3 e⁻	−0,74
Fe	$\rightleftarrows$	Fe^{2+}	+ 2 e⁻	−0,41
Cd	$\rightleftarrows$	Cd^{2+}	+ 2 e⁻	−0,40
Co	$\rightleftarrows$	Co^{2+}	+ 3 e⁻	−0,28
Ni	$\rightleftarrows$	Ni^{2+}	+ 2 e⁻	−0,25
Sn	$\rightleftarrows$	Sn^{2+}	+ 2 e⁻	−0,14
Pb	$\rightleftarrows$	Pb^{2+}	+ 2 e⁻	−0,13
H_2	$\rightleftarrows$	$2 H^+$	+ 2 e⁻	0
Sb	$\rightleftarrows$	Sb^{3+}	+ 3 e⁻	+0,15
$SO_2 + 6 H_2O$	$\rightleftarrows$	$SO_4^{2-} + 4 H_3O^+$	+ 2 e⁻	+0,17
Bi	$\rightleftarrows$	Bi^{3+}	+ 3 e⁻	+0,23
As	$\rightleftarrows$	As^{3+}	+ 3 e⁻	+0,23
Cu	$\rightleftarrows$	Cu^{2+}	+ 2 e⁻	+0,34
$2 I^-$	$\rightleftarrows$	I_2	+ 2 e⁻	+0,54
Fe^{2+}	$\rightleftarrows$	Fe^{3+}	+ e⁻	+0,77
Ag	$\rightleftarrows$	Ag^+	+ e⁻	+0,80
Hg	$\rightleftarrows$	Hg^{2+}	+ 2 e⁻	+0,85
$NO + 6 H_2O$	$\rightleftarrows$	$NO_3^- + 4 H_3O^+$	+ 3 e⁻	+0,96
Pt	$\rightleftarrows$	Pt^{2+}	+ 2 e⁻	+1,2
Au	$\rightleftarrows$	Au^{3+}	+ 3 e⁻	+1,5
$Mn^{2+} + 12 H_2O$	$\rightleftarrows$	$MnO_4^- + 8 H_3O^+$	+ 5 e⁻	+ 1,51

Anmerkung zu den oxidierenden Säuren

Durch die Oxidationswirkung der Säurereste lösen sich manche Metalle, die sich in Salzsäure lösen, in Schwefelsäure oder Salpetersäure plötzlich nicht mehr vollständig auf.

Grund hierfür ist die Bildung einer Oxidschicht an der Oberfläche der Metalle, die den inneren Kern des Metalls vor weiterer Auflösung schützt. Dieser Vorgang nennt man **Passivierung**.

Beispiele für Metalle, die von oxidierenden Säuren nur oberflächlich angelöst werden, sind Eisen, Aluminium, Chrom und Blei.

8.4 Bleichmittel und Desinfektionsmittel – praktische Anwendung der Redox-Reaktionen

Bleichmittel entfärben farbige Materialien durch chemische Zersetzung von Farbstoffen. Viele Bleichmittel werden gleichzeitig als Desinfektionsmittel eingesetzt.

8.4.1 Oxidierend wirkende Bleich- und Desinfektionsmittel

Chlor

Formel:	Cl_2
Beschreibung:	Gelbgrünes Gas mit stechendem, hustenreizendem Geruch
Verwendung:	■ Trinkwasserdesinfektion
	■ Feuchtes Bleichen
Wirksames Agens:	Atomarer Sauerstoff

Atomarer Sauerstoff entsteht durch die Disproportionierung von Chlor zu Chlorwasserstoff und Hypochloriger Säure. Die instabile Hypochlorige Säure zerfällt dann zu atomarem Sauerstoff und HCl.

Wirksames Teilchen ist häufig atomarer Sauerstoff = aktiver Sauerstoff = naszierender, d. h. während der Reaktion enstehender Sauerstoff <0>

Erstellen Sie die Reaktionsgleichungen!

Hypochlorite

Formeln:	Hypochlorite sind Salze der unterchlorigen Säure (= Hypochlorige Säure):
	■ Natriumhypochlorit: NaClO
	■ Kaliumhypochlorit: KClO
	■ Calciumhypochlorit: $Ca(ClO)_2$

■ Bestandteil von Chorkalk (= Calciumchlorid-hypochlorit CaCl(ClO)). Calciumchlorid-hypochlorit ist eine intramolekulare Verbindung aus $CaCl_2$ und $Ca(ClO)_2$. Die Verbindung wird durch Licht, Luft und Wärme zersetzt.

Hypochlorite werden z. B. durch Einleiten von Chlor in kalte Lauge gewonnen.

Verwendung:	■ Natriumhypochlorit-Lösung dient abhängig von der Konzentration zur Haut- und Schleimhautdesinfektion, sowie zur Wurzelkanalbehandlung.
	■ Zum Bleichen von Zellstoff und Textilien
	■ Zur Grobdesinfektion (Fäkalien, Sputum, Abwässer) v. a. Chlorkalk
	■ Desinfektion von Schwimmbädern (Natrium- und Kaliumhypochlorit)

Natriumhypochlorit-Lösung ist in Abhängigkeit von der Konzentration ätzend oder haut- und schleimhautreizend. Die Lösung riecht stark nach Chlor.

8

Ozon

Formel: O_3

Beschreibung: Farbloses, in hohen Konzentrationen bläuliches, stark riechendes, giftiges Gas

Verwendung:
- Desinfektion von Schwimmbädern
- Bleichmittel

Wirksames Agens: Atomarer Sauerstoff

$O_3 \longrightarrow O_2 + <O>$ Ozon zerfällt durch Energieeinfluss wie UV-Licht.

Ozon bildet sich in der Atmosphäre z. B. durch die Einwirkung von Blitzen oder durch kurzwellige UV-Strahlen auf Sauerstoffmoleküle. In Erdnähe ist die Bildung unter Einfluss von UV-Licht und Stickstoffoxiden (Autoabgase!) möglich:

$O_2 + O \longrightarrow O_3$

Ozon ist jedoch sehr instabil und zerfällt daher leicht wieder.

Die beiden Seiten von Ozon: Ozon in der Stratosphäre schützt vor der UV-Strahlung der Sonne (Ozonloch). Ozon in Bodennähe führt zu Atembeschwerden und Augenreizungen (Ozonwarnung im Sommer).

Kaliumpermanganat

Formel: $KMnO_4$

Eigenschaften:
- Violette, metallisch glänzende Kristalle
- Sehr starkes Oxidationsmittel

Verwendung:
- Desinfektionsmittel (1:10 000 verdünnte Lösungen)
  - Desinfektion des Mund- und Rachenraums
  - Spülungen von Wunden
  - Akute Dermatosen
- Technische Wasserreinigung
- Als Maßlösung für quantitative Bestimmungen

Wiederholen Sie die Reaktionen von Permanganat-Ionen im sauren und im alkalischen Milieu!

■ **CAVE** Die Dosierung muss beachten werden, sonst drohen Schleimhautverätzungen. Die Kaliumpermanganatlösung sollte für die äußerliche Anwendung nur leicht rosa sein.

Wasserstoffperoxid

Formel: H_2O_2

Beschreibung:
- Klare Lösung
- Konzentrationen laut Ph. Eur.: 3 % und 30 %
- **30 %** Trivialname: Perhydrol

Verwendung:
- Desinfektion von Wunden
- 3%ige Lösung, im Wurzelkanal auch 30 %
- Bleichmittel für Haare (3–6 %), Textilien und Knochen (bis zu 30 %)
- Gurgellösungen: 3 %ige Lösung wird mit der 5- bis 10-fachen Menge Wasser verdünnt.

Wirksames Agens:
- Atomarer Sauerstoff
- Wasserstoffperoxid zerfällt zu Wasser und atomarem Sauerstoff.

Lagerung:
- Vor Licht geschützt aufbewahren
- Wenn die Lösung keinen Stabilisator enthält, unterhalb 15 °C lagern.
- Wenn die Lösung einen Stabilisator enthält, muss dies auf der Beschriftung angegeben sein.
- Glasstandgefäße mit konzentrierten Lösungen benötigen einen Druckausgleichstopfen.
- Vorsicht: Die Lösungen zersetzen sich (stark) bei Berührung mit oxidierbaren, organischen Substanzen, beim Kontakt mit bestimmten Metallen und in alkalischer Lösung.

Achtung:
- Auf der Haut entstehen bei Konzentrationen über 10 % weiße Flecken aufgrund der Bildung von Sauerstoff unter der Epidermis durch das Enzym Katalase.

Wasserstoffperoxid kann sowohl als Oxidations- und als Reduktionsmittel eingesetzt werden.

Mögliche Stabilisatoren: Phosphorsäure H_3PO_4, Natriumdiphosphat $Na_2P_2O_7$

■ **CAVE** Nach der Chemikalienverbotsverordnung ist die Abgabe von Wasserstoff-peroxidlösungen mit mehr als 12 % (m/m) Gehalt an Privatpersonen verboten.

8.4.2 Reduzierend wirkende Bleich- und Desinfektionsmittel

Schwefeldioxid

Formel: SO_2

Beschreibung:
- ■ Farbloses, stechend riechendes Gas, das die Schleimhäute reizt
- ■ Eingesetzt werden das Gas sowie die Hydrogensulfite und Sulfite.

Verwendung:
- ■ Bleichmittel für Papier (Gas) und Lebensmittel (Salze)
- ■ Konservierung von Lebensmitteln; geschwefelt werden dürfen:
  - ▪ Kartoffelerzeugnisse
  - ▪ Trockengemüse
  - ▪ Meerrettich
  - ▪ Trockenfrüchte
  - ▪ Wein

Nachteil: Schwefeldioxid zerstört Vitamin B_1 (○ Abb. 8.3), welches Enzymbestandteil im Kohlenhydrat-Stoffwechsel ist. Dadurch kann u. a. Glucose nicht mehr richtig abgebaut werden, und die Funktion des ZNS wird durch den resultierenden Energiemangel beeinträchtigt.

Schwefeldioxid entsteht beim Verbrennen von Kohle und Heizöl. Es bildet mit Luftsauerstoff (→ SO_3) und Feuchtigkeit Schwefelsäure (→ saurer Regen).

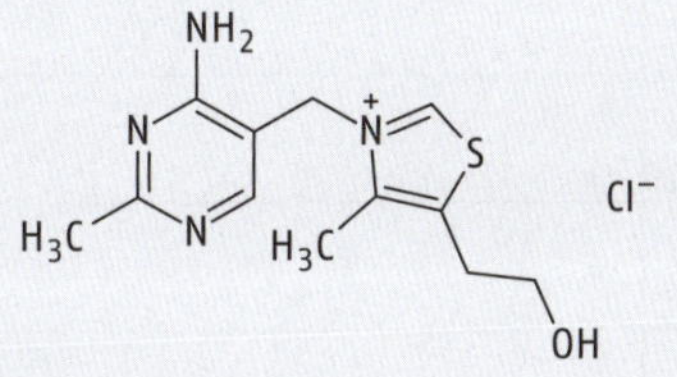

○ **Abb. 8.3** Vitamin B_1/Thiaminchlorid

8.4.3 Weitere Desinfektionsmittel

Iod

Formel: I_2

Beschreibung:
- ■ Metallisch glänzender, schwarzgrauer Feststoff (Dampf: violett)
- ■ Löslich in KI-Lösung oder in Ethanol
- ■ Bakterizid, sporozid, fungizid und viruzid

Verwendung:
- ■ Eingesetzt werden Iodlösungen und Komplexe
- ■ Desinfektion von kleinen Wunden, Haut und Schleimhäuten, Instrumenten

Überlegen Sie, weshalb sich elementares Iod schlecht in Wasser löst!

■ **CAVE** Resorptionsgefahr! Nicht einsetzen bei Neugeborenen und Säuglingen, bei Patienten mit Hyperthyreose oder Radioiodtherapie sowie auf großen Flächen.

8

Achtung: Die Anwendung darf nur durch den Arzt oder eingewiesenes Pflegepersonal erfolgen!

Die Credé–Prophylaxe wird heute meist durch besser verträgliche Alternativen ersetzt.

Wie lässt sich die Verfärbung wieder entfernen? Formulieren Sie die entsprechenden Reaktionsgleichungen!

Silbernitrat

Formel:	$AgNO_3$
Weitere Namen:	Höllenstein, Lapis infernalis
Beschreibung:	■ Farbloses kristallines Salz
	■ Bakterizid, adstringierend und ätzend (höhere Konzentrationen)
Verwendung :	■ Eingesetzt werden wässrige Lösungen
	■ Infektionsprophylaxe (Credé-Prophylaxe) in Augentropfen bei Neugeborenen (1 %ig)
	■ Warzenmittel (10 %)
	■ Infektionsprophylaxe bei Brandwunden (0,5 %)
	■ Reagenz auf Halogenide, Phosphat
Wissenswertes:	Silberbesteck wird durch Bildung von Silbersulfid schwarz.

Aufgaben zu Kapitel 8

1. Stellen Sie die Namen bzw. Formeln auf und ermitteln Sie die Oxidationszahlen für die einzelnen Atome.

Name	Formel mit Oxidationszahlen
Chlor	
Aluminiumhydrid	
Magnesium	
	SO_2
	Na_2O_2
Schwefel	
Sulfat	
Chlorid	
Hexahydroxoferrat(II)-Ion	$[Fe(OH)_6]^{4-}$
	$Ag(NH_3)_2]^+$
Natriumsulfid	
Sulfit	
Sauerstoff	
Magnesiumchlorid	
Bortrifluorid	
Wasser	
Kaliumfluorid	

	Fe^{3+}
Schwefelsäure	
Schwefelige Säure	
Schwefelwasserstoff	
Kaliumperchlorat	
Sulfid	
Fluorwasserstoff	
Magnesiumfluorid	

2. Erstellen Sie für die Aufgaben a) bis l) die vollständigen Redoxreaktionen.

a) Oxidation von Eisen(II)-chlorid durch Kaliumdichromat in salzsaurer Lösung

b) Reaktion von Eisen(III)-chlorid mit schwefeliger Säure

c) Natriumsulfit entfärbt in salzsaurer Lösung Kaliumpermanganat

d) Reaktion von Mangan(II)-chlorid mit Brom in Natronlauge

e) Reaktion von Ammoniumiodid mit Kaliumdichromat in salzsaurer Lösung

f) Umsetzung von Wasserstoffperoxid mit Kaliumpermanganat in Kalilauge

g) Beim Vereinigen von Schwefelwasserstoff und Schwefeldioxid entsteht Schwefel

h) Reaktion von Chrom(III)-chlorid mit Wasserstoffperoxid in Natronlauge

i) Umsetzung von Wasserstoffperoxid mit Kaliumpermanganat in schwefelsaurer Lösung

8

j) Kupfer löst sich in konzentrierter Salpetersäure. Dabei entsteht u. a. Stickstoffmon-
    oxid

_____

k) Beim Versetzen von Mangan(II)-sulfat mit Kaliumpermanganat im ammoniakali-
    schen Milieu bildet sich Braunstein

_____

l) Chlor reagiert in alkalischer Lösung zu Hypochlorit und Chlorid

_____

Hilfestellungen zu den Aufgaben a) bis l):

■ Kaliumpermanganat reagiert im Sauren zu Mangan(II)-Ionen.

■ Kaliumpermanganat reagiert im Alkalischen zu Braunstein (MnO_2).

■ Braunstein ist auch das Reaktionsprodukt, wenn Mn^{2+} im Alkalischen reagiert.

■ Chrom(III)-Ionen werden im Sauren zu Dichromationen ($Cr_2O_7^{2-}$) und im Alkalischen zu
    Chromationen (CrO_4^{2-}).

■ Wasserstoffperoxid kann zu Sauerstoff, Wasser (im sauren Milieu) oder Hydroxid (im
    alkalischen Milieu) reagieren. Was geschieht, kann man aus der zweiten Gleichung
    der Redoxreaktion ableiten.

■ Bei entsprechenden Reaktionspartnern können diese Reaktionen auch in die Gegen-
    richtung ablaufen.

3. Bei welchen der Aufgaben a) bis l) liegt eine Syn- oder Disproportionierung vor?

    ■ Synproportionierung: _____

    ■ Disproportionierung: _____

4. Findet eine Reaktion statt? Prüfen Sie mithilfe der Spannungsreihe.

	Ja	Nein
■ Antimon und Silber(I)-Ionen:	☐	☐
■ Silber(I)-Ionen und Iodid:	☐	☐
■ Fe^{2+} und Hg^{2+}:	☐	☐
■ Fe^{2+} und Cu^{2+}:	☐	☐
■ Eisen wird in verdünnte Salzsäure gegeben:	☐	☐
■ Silber wird in verdünnte Salzsäure gegeben:	☐	☐

9 Komplexbindung am Kation

Bei der Komplexbindung oder koordinativen Bindung liefert ein Partner das gesamte Bindungselektronenpaar. Der zweite Partner darf sich an diesem freien Elektronenpaar beteiligen und es in noch freie Orbitale einlagern. Dabei handelt es sich also um einen Spezialfall der Elektronenpaarbindung.

Komplexe (o Abb. 9.1) bestehen aus:

- einem Zentralteilchen und
- Liganden.

Die Zentralteilchen können Metallkationen oder Nichtmetallanionen sein (Komplexe am Anion ▶ Kap. 4.3.4).

Die Liganden können Atome, Ionen oder Moleküle sein. Die Anzahl der Liganden nennt man auch **Koordinationszahl**.

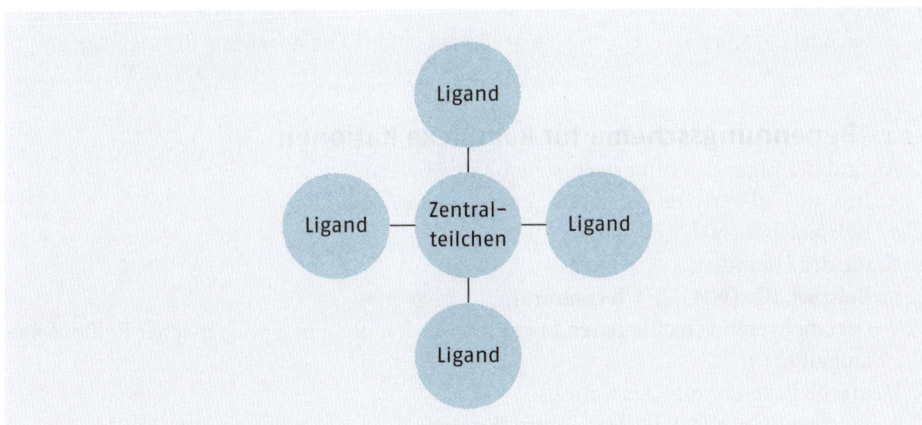

o **Abb. 9.1** Schematischer Aufbau eines Komplexes

Komplexe sind stabile Verbindungen. Liganden können aber durch andere Liganden ausgetauscht werden. Dies nutzt man für Nachweisreaktionen. So lassen sich Kupfer(II)-Ionen durch Zugabe von Ammoniak als tiefblauer Tetramminkupfer(II)-Komplex $[Cu(NH_3)_4]^{2+}$ nachweisen.

Eine Besonderheit sind die **Chelatkomplexe** (o Abb. 9.2). Hier bindet ein Ligand mehrfach an das Zentralteilchen. Genutzt werden diese Komplexe bei der komplexometrischen Titration oder der Verwendung von DMPS (2,3-Dimercaptopropan-1-sulfonsäure) als Antidot bei Schwermetallvergiftungen.

Komplexe kommen auch in der Natur vor, so enthält Hämoglobin ein komplex gebundenes Eisenion und Chlorophyll ein solches Magnesiumion.

Das Wort Chelat kommt vom griechischen Wort für Krebsschere. Der Ligand hält wie ein Krebs das Zentralteilchen mit mindestens zwei Bindungsstellen fest.

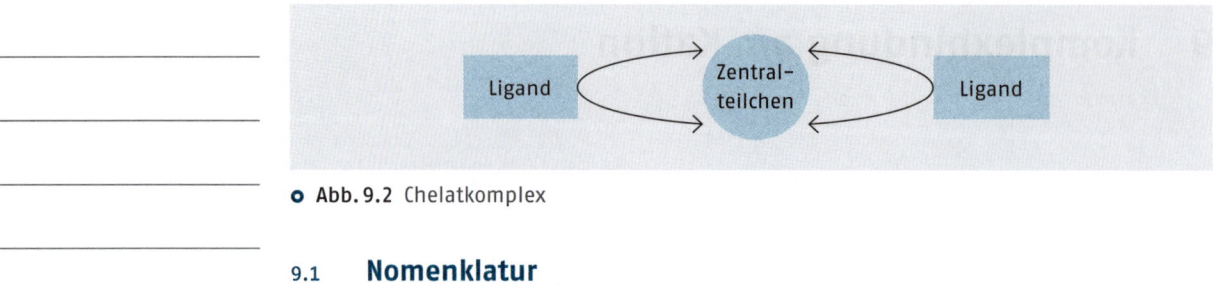

o Abb. 9.2 Chelatkomplex

9.1 Nomenklatur

Die Benennung der Komplexe mit einem Kation als Zentralteilchen wird nach bestimmten Regeln vorgenommen. Diese Nomenklatur folgt einem Schema, wobei zwei Fälle unterschieden werden müssen. Je nach Art und Menge der Liganden kann das entstandene Komplexteilchen ein Anion oder ein Kation sein und muss dann geringfügig anders benannt werden. Erschwerend kommt leider noch hinzu, dass im Arzneibuch bisher immer noch nicht die offizielle Benennung nach IUPAC verwendet wird. Deshalb wird im Folgenden immer die eigentlich veraltete Nomenklatur gebraucht und in Klammern die aktuelle Benennung ergänzt.

Auch in der Roten Liste und in den Sicherheitsdatenblättern der Chemikalien wird in der Regel weiterhin die alte Nomenklatur verwendet.

Beispiele:

Zentralteilchen		Liganden		Komplex	Name
Cu^{2+}	+	$4\,NH_3$	$\longrightarrow$	$[Cu(NH_3)_4]^{2+}$	Tetraamminkupfer(II)-Ion (Tetraamminkupfer(+2)-Ion)
Cu^{2+}	+	$4\,OH^-$	$\longrightarrow$	$[Cu(OH)_4]^{2-}$	Tetrahydroxocuprat(II)-Ion (Tetrahydroxidocuprat(−2)-Ion)

■ MERKE Obwohl das Zentralteilchen ein Kation ist, kann das entstehende Komplexion ein Kation oder ein Anion werden. Dies hängt von der Ladung und der Anzahl der Liganden ab.

9.1.1 Benennungsschema für komplexe Kationen
1. Anzahl der Liganden mit griechischen Zahlwörtern:
   - (mono-), di-, tri-, tetra-, penta-, hexa-, hepta-, octa-, …
   - Beispiel: $[Cu(NH_3)_4]^{2+}$ **Tetra**
2. Name des Liganden:
   - Beispiel: $[Cu(\mathbf{NH_3})_4]^{2+}$ Tetra**ammin**
   - (Bei mehreren verschiedenen Liganden werden diese in alphabetischer Reihenfolge aufgeführt.)
3. Deutsche Bezeichnung des Kations:
   - Beispiel: $[\mathbf{Cu}(NH_3)_4]^{2+}$ Tetraammin**kupfer**
4. Angabe der Wertigkeit des Zentral-Ions in römischen Ziffern in Klammern (bzw. nach neuer Nomenklatur Angabe der Ladung des Komplexes in arabischen Ziffern in der Klammer):
   - Beispiel: $[Cu(NH_3)_4]^{2+}$ Tetraamminkupfer(**II**)
   - Neu: $[Cu(NH_3)_4]^{2+}$ Tetraamminkupfer(**+2**)
5. Bei Salzen komplexer Kationen folgt nach der Benennung des Kations noch der Name des Anions, durch einen Bindestrich getrennt:
   - Beispiel: $[Cu(NH_3)_4](\mathbf{OH})_2$ Tetraamminkupfer(II)-**hydroxid**

9.1.2 Benennungsschema für komplexe Anionen
1. Anzahl der Liganden mit griechischen Zahlwörtern:
   - (mono-), di-, tri-, tetra-, penta-, hexa-, hepta-, octa-, …
   - Beispiel: $[Cu(OH)_4]^{2-}$ **Tetra**

2. Name des Liganden:
   - Beispiel: $[Cu(OH)_4]^{2-}$ Tetra**hydroxo**
   - Neu: Tetra**hydroxido**
   - (Bei mehreren verschiedenen Liganden werden diese in alphabetischer Reihenfolge aufgeführt.)
3. Lateinische Bezeichnung des Kations mit der Endung -at:
   - ferrat, plumbat, cuprat, … ◻ Tab. 9.1
   - Beispiel: $[Cu(OH)_4]^{2-}$ Tetrahydroxo**cuprat**
4. Angabe der Wertigkeit des Zentral-Ions in römischen Ziffern in Klammern (bzw. nach neuer Nomenklatur Angabe der Ladung des Komplexes in arabischen Ziffern in der Klammer):
   - Beispiel: $[Cu(OH)_4]^{2-}$ Tetrahydroxocuprat**(II)**
   - neu: $[Cu(OH)_4]^{2-}$ Tetrahydroxidocuprat**(–2)**
5. Bei Salzen mit komplexen Anionen kommt vor der Benennung des Anions noch der Name des Kations, durch einen Bindestrich getrennt:
   - Beispiel: $Na_2[Cu(OH)_4]$ **Natrium**-tetrahydroxocuprat(II)

9.1.3 Wichtige Zentralteilchen und Liganden

◻ **Tab. 9.1** Benennung von Zentralteilchen

Deutsche Bezeichnung	Lateinische Bezeichnung	Name als Zentralteilchen
Blei	Plumbum	plumbat
Chrom	Chromum	chromat
Cobalt	Cobaltum	cobaltat
Eisen	Ferrum	ferrat
Gold	Aureum	aurat
Kupfer	Cuprum	cuprat
Mangan	Manganum	manganat
Platin	Platinum	platinat
Quecksilber	Mercurium	mercurat
Silber	Argentum	argentat
Zink	Zincum	zincat
Zinn	Stannum	stannat

CAVE Bei Antimon als Zentralteilchen wird auch in komplexen Anionen der deutsche Name verwendet z. B. Antimonat(V).

◻ **Tab. 9.2** Benennung von Liganden

Formel	Name als Ligand nach Arzneibuch (alt)	Name als Ligand nach IUPAC (neu)
F^-	fluoro	fluorido
Cl^-	chloro	chlorido
Br^-	bromo	bromido
I^-	iodo	iodido
O^{2-}	oxo	oxido

◘ **Tab. 9.2** Benennung von Liganden (Fortsetzung)

Formel	Name als Ligand nach Arzneibuch (alt)	Name als Ligand nach IUPAC (neu)
OH^-	hydroxo	hydroxido
CN^-	cyano	cyanido
SCN^-	thiocyanato	thiocyanato
SO_4^{2-}	sulfato	sulfato
$S_2O_3^{2-}$	thiosulfato	thiosulfato
NO_2^-	nitro	nitrito
NO/NO^+	nitrosyl	nitrosyl
NH_3	ammin	ammin
CO	carbonyl	carbonyl
H_2O	aqua	aqua

Die Bezeichnung Nitrosyl wird für zwei Liganden verwendet.

Aufgaben zu Kapitel 9

1. Die Nomenklatur der Beispiele folgt der Benennung des Arzneibuchs. Erstellen Sie die Namen bzw. die Formeln der Komplexe.

$[Cr(H_2O)_6]Cl_3$

Diamminsilber(I)-iodid

Diamminsilber(I)-sulfat

$[Cu(CN)_4]^{3-}$

Natrium-hexacyanochromat(III)

$[Co(NH_3)_6]Cl_2$

Hexaamminplatin(IV)-chlorid

Natrium-hexabromoplatinat(IV)

$[Fe(H_2O)_6]SO_4$

Hexaaquaeisen(III)-sulfat

$K[Au(OH)_4]$

Tetraamminplatin(II)-hexachloroplatinat(IV)

$Na_3[Ag(S_2O_3)_2]$

$K_2[HgI_4]$

Octaaquabarium(II)-chlorid	
$[CoCl_2(H_2O)_4]Br$	
Natrium-carbonylpentacyanoferrat(III)	
$(NH_4)_3[Fe(CN)_5NH_3]$	
Tetraammindichlorocobalt(III)-sulfat	
$[Co(NH_3)_5NO_2]Cl_2$	
$[CoBrClH_2O(NH_3)_3]Br$	

9

10 Gleichgewichtsreaktionen

10.1 Chemisches Gleichgewicht

Viele chemische Reaktionen laufen nicht ausschließlich von den Edukten in Richtung der Produkte ab. Vielmehr sind auch Produkte in der Lage, wieder zu den Edukten zurück zu reagieren.

Vermutlich kennen Sie aus dem Praktikum hierzu schon einige Reaktionen:

$$H_2CO_3 \rightleftharpoons H_2O + CO_2$$
Kohlensäure   Wasser   Kohlenstoffdioxid

$$NH_3 + H_2O \rightleftharpoons NH_4^+ + OH^-$$
Ammoniak   Wasser   Ammonium   Hydroxid

Kennzeichnend ist, dass diese Reaktionen in beide Richtungen ablaufen können. In der Gleichung erkennt man dies durch den Doppelpfeil. In der Realität laufen die meisten Reaktionen ständig und gleichzeitig in beide Richtungen ab; nach einiger Zeit stellt sich dabei ein **Gleichgewicht** ein.

Schema einer Gleichgewichtsreaktion:

$$\text{Edukte} \overset{\text{Hinreaktion}}{\underset{\text{Rückreaktion}}{\rightleftharpoons}} \text{Produkte}$$

Ein solcher Gleichgewichtszustand wird auch als **dynamisches Gleichgewicht** bezeichnet.
- Es kann sich nur einstellen, wenn kein Reaktionspartner den Reaktionsraum verlassen kann. Man spricht dann von einem **geschlossenen System**.
- Die **Konzentration** der Edukte und Produkte ist im Gleichgewicht **konstant**, auch wenn ständig Reaktionen stattfinden.
- Das Mengenverhältnis der Edukte und der Produkte hängt von der **Temperatur** ab.

Ein Beispiel für den Verlauf und verschiedene Stadien einer Gleichgewichtsreaktion findet sich in ◻ Tab. 10.1.

Mit dem Wissen über die Einstellung von Gleichgewichten kann man überlegen, wie sich eine chemische Reaktion im Labor so beeinflussen lässt, dass sich ein gewünschtes Ergebnis einstellt. Zum Beispiel lassen sich manche Reaktionen ohne negativen Einfluss auf das Ergebnis beschleunigen.

Tab. 10.1 Reaktion und Gleichgewicht

Verlauf der Reaktion	Beispiel
Zu Beginn der Reaktion sind viele Teilchen auf der Eduktseite vorhanden. Deshalb können auch viele Teilchen reagieren. Die Hinreaktion läuft mit hoher Geschwindigkeit ab.	Eine Mineralwasserflasche wird frisch geöffnet. Es sprudelt heftig.
Im weiteren Verlauf der Reaktion sind immer weniger Edukte vorhanden. Weniger Teilchen können reagieren.	In der geöffneten Flasche sind immer weniger Gasbläschen zu sehen.
Bleiben die Reaktionsprodukte im Reaktionsgefäß, so beginnt eine Rückreaktion. Je mehr Produkte entstanden sind, desto mehr Teilchen können auch zurückreagieren.	Wird die Flasche wieder geschlossen, hört die Gasbildung auf. Noch in der Flasche befindliches CO_2 kann sich wieder im Wasser lösen.
Irgendwann sind die Hin- und die Rückreaktion gleich schnell. Von außen ist keine Reaktion mehr zu erkennen, obwohl ständig Teilchen miteinander reagieren. Der Gleichgewichtszustand ist erreicht.	Bei einer geschlossenen Wasserflasche bleibt der Kohlensäuregehalt auch über lange Zeit konstant.

10.2 Massenwirkungsgesetz

Mit dem Massenwirkungsgesetz (MWG) lassen sich chemische Reaktionen mathematisch erfassen. Es lässt sich auf Gleichgewichtsreaktionen anwenden, bei denen gelöste Stoffe oder Gase beteiligt sind.

Für die Erstellung des MWG schreibt man die Gleichgewichtsreaktion so, dass die Reaktion, bei der Energie frei wird (= exotherme Reaktion), die Hinreaktion ist.

$$a\,A + b\,B \underset{\text{Rückreaktion}}{\overset{\text{Hinreaktion}}{\rightleftharpoons}} c\,C + d\,D$$

Mithilfe des MWG lassen sich unter anderem pH-Werte und Löslichkeiten von Salzen berechnen.

Bildet man nun einen Quotienten aus den Produkten der Konzentrationen der Endstoffe und den Produkten der Konzentrationen der Edukte, so ergibt sich für jede Reaktion eine typische Konstante K, die Gleichgewichtskonstante:

$$K = \frac{c^c(C) \times c^d(D)}{c^a(A) \times c^b(B)}$$

- c ist die Konzentration der einzelnen Stoffe in mol/l
- Der Wert für K gibt Auskunft über die Gleichgewichtslage der Reaktion:
  - $K > 1$: Es sind im Gleichgewicht mehr Produkte als Edukte vorhanden
  - $K < 1$: Es sind im Gleichgewicht mehr Edukte als Produkte vorhanden
  - $K = 1$: Es sind im Gleichgewicht gleich viele Edukte und Produkte vorhanden.

10.3 Beeinflussung der Gleichgewichtslage einer Reaktion

Durch das Ändern äußerer Faktoren kann die Lage eines Gleichgewichts beeinflusst werden. So ist es dann z. B. möglich, eine größere Menge des gewünschten Produkts zu erhalten.

Möglichkeiten der Beeinflussung des Gleichgewichts sind Änderungen von:
- Konzentration
- Temperatur
- Druck (nur bei Reaktionen, an denen Gase beteiligt sind)

Dabei gilt immer das Prinzip von **LeChâtelier**, auch Prinzip des kleinsten Zwanges genannt.

Die Verschiebung von Gleichgewichtsreaktionen findet sich in der Ph. Eur. unter anderem bei den Nachweisen für Aluminium und für Magnesium.

10

> **Prinzip des kleinsten Zwanges**
> Wird ein Gleichgewicht durch Druck-, Temperatur- oder Konzentrationsänderung (= Zwang) von außen beeinflusst, verschiebt sich die Lage des Gleichgewichts so, dass das Gleichgewicht diesem Zwang ausweicht.

Stellen wir uns nun vor, wir führen die folgende Gleichgewichtsreaktion durch und möchten die Ausbeute an Produkten erhöhen:

$$A + B \;\rightleftharpoons\; C + D$$

Im Gleichgewicht liegen noch alle Arten von Teilchen vor, also A, B, C und D. Außerdem reagiert immer 1 Teilchen A mit 1 Teilchen B zu 1 Teilchen C und 1 Teilchen B. Es gibt nun verschiedene Möglichkeiten, die Lage des Gleichgewichts zu beeinflussen.

10.3.1 Konzentrationsänderung

Erhöhung der Menge eines Reaktionspartners im Gleichgewicht: Die Erhöhung der Konzentration eines Reaktionspartners verschiebt das Gleichgewicht so, dass ein Teil der zugegebenen Substanz verbraucht wird (o Abb. 10.1).

Wir betrachten folgende Reaktion:

$$1\,A + 1\,B \;\rightleftharpoons\; 1\,C + 1\,D$$

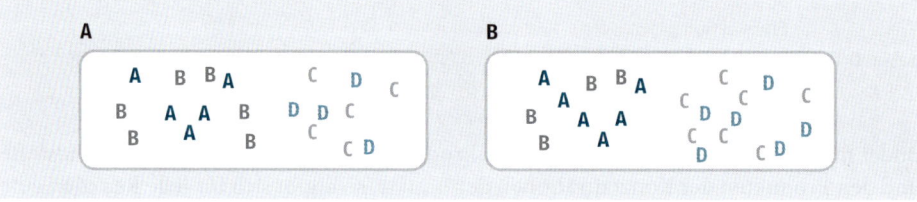

o **Abb. 10.1** Verschiebung des Gleichgewichts durch Konzentrationserhöhung: **A** Zustand im Gleichgewicht vor Zugabe von mehr A-Teilchen, **B** Zustand im Gleichgewicht nach Zugabe von mehr A-Teilchen (3-mal)

Immer noch sind alle Arten von Teilchen vorhanden, nur ihre Konzentrationen haben sich geändert, da sich ein neues Gleichgewicht eingestellt hat (o Abb. 10.1 B).
Wird also ein Edukt zugegeben, dann entstehen vermehrt Produkte und umgekehrt.

Entfernung eines Reaktionspartners aus dem Gleichgewicht: Die Verminderung der Konzentration eines Reaktionspartners verschiebt das Gleichgewicht so, dass ein Teil der entfernten Substanz nachgebildet wird (o Abb. 10.2 A).

Damit das Gleichgewicht wieder stimmt, wird neues C gebildet. So lässt sich die Ausbeute (Produktemenge) einer Reaktion erhöhen.

o **Abb. 10.2** Verschiebung des Gleichgewichts durch Konzentrationserniedrigung: **A** Zustand im Gleichgewicht vor Entfernung von C-Teilchen, **B** Zustand im neuen Gleichgewicht

Ein Stoff lässt sich zum Beispiel aus dem Gleichgewicht entfernen, indem er als Gas entweicht oder über eine Weiterreaktion gebunden wird.

10.3.2 Temperaturänderung

Zu unterscheiden sind grundsätzlich zwei Arten von Reaktionen.

Exotherme Reaktionen

Die Energie (Wärme) kann als Produkt der Reaktion betrachtet werden.

$$A + B \; \rightleftharpoons \; C + D + Energie$$

Endotherme Reaktionen

Die Energie kann als Edukt der Reaktion betrachtet werden.

$$A + B + Energie \; \rightleftharpoons \; C + D$$

Aus dieser Betrachtung ergibt sich dann auch, dass bei exothermen Reaktionen eine Kühlung eine vermehrte Produktbildung bewirkt. Eine Erwärmung dagegen verschiebt die Reaktion zur Seite der Edukte.
Bei endothermen Reaktionen geschieht das Gegenteil.

■ **MERKE** Eine Temperaturerhöhung verschiebt das Gleichgewicht auf die Seite der Reaktion, bei der Energie verbraucht wird (von der Energie weg). Eine Temperaturerniedrigung verschiebt das Gleichgewicht immer zu der Seite, auf der die Energie entsteht.

10.3.3 Druckänderung

Eine Druckänderung hat nur dann Auswirkungen auf die Reaktion, wenn Gase beteiligt sind.
Das Volumen von Gasen lässt sich durch Druck beeinflussen, das Volumen von Flüssigkeiten oder Feststoffen dagegen praktisch nicht.
Für Gase gilt dabei das **Gesetz von Avogadro** (▶ Kap. 11.2), das besagt, dass die gleiche Anzahl an Gasteilchen immer das gleiche Volumen benötigt, wenn Druck und Temperatur gleich sind.

Beispiel:

$$2\,NO_{2(g)} \; \rightleftharpoons \; N_2O_{4(g)}$$

2 NO$_{2(g)}$	N$_2$O$_{4(g)}$
Braun	Farblos
2 Moleküle	1 Molekül

Auf der Eduktseite liegen zwei Moleküle Stickstoffdioxid vor, die doppelt so viel Platz benötigen wie das eine Molekül Distickstofftetraoxid auf der Produktseite.
Wird der Druck auf das Gleichgewicht erhöht, so verschiebt sich das Gleichgewicht auf die rechte Seite. Bei Druckerniedrigung verschiebt es sich auf die linke Seite.

■ **MERKE** Eine Druckerhöhung verschiebt das Gleichgewicht auf die Seite mit dem kleineren Volumen. Eine Druckerniedrigung verschiebt das Gleichgewicht auf die Seite mit dem größeren Volumen.

■ **MERKE** Ein Mol Gasteilchen (das sind $6{,}022 \times 10^{23}$ Moleküle) nimmt bei Normalbedingungen (1013 hPa und 0 °C) genau 22,4 l ein.
Das ist das molare Normalvolumen $V_{mn} = 22{,}4\,l/mol$.

Bei einer exothermen Reaktion wird Energie in Form von Wärme frei.

Bei einer endothermen Reaktion wird Energie in Form von Wärme benötigt.

Eine Kühlung entspricht bei der exothermen Reaktion der Entfernung des „Produkts" Energie.

Gase sind komprimierbar.

Sie kennen hierzu bereits ein weiteres Beispiel. Gelöstes Kohlenstoffdioxid benötigt weniger Platz als gasförmiges CO_2. Wenn Sie eine Mineralwasserflasche öffnen, erniedrigen Sie den Druck. Das gelöste CO_2 geht in den gasförmigen Zustand über und „sprudelt".

10

10.4   Beeinflussung der Reaktionsgeschwindigkeit

Die Beeinflussung der Geschwindigkeit einer Reaktion bietet einerseits die Möglichkeit, schneller zum gewünschten Ergebnis zu kommen. Andererseits lassen sich auch Reaktionen bremsen, die sehr schnell ablaufen und so eventuell zu Explosionen führen könnten. Damit eine chemische Reaktion stattfinden kann, müssen sich die Ausgangsteilchen treffen und die sogenannte **Aktivierungsenergie** überwinden. Erst dann kann die Reaktion auch ablaufen.

10.4.1   Temperaturänderung

Durch **Temperaturveränderung** lässt sich die Reaktionsgeschwindigkeit erhöhen. Steigt die Temperatur, so bewegen sich die Teilchen schneller. Sie haben mehr Energie und stoßen häufiger zusammen, deshalb steigt dann auch die Reaktionsgeschwindigkeit.

Als grobe Abschätzung hilft die Reaktionsgeschwindigkeits-Temperatur-Regel (**RGT-Regel**), die besagt, dass eine Erhöhung der Temperatur um 10 °C zu einer Verdopplung der Reaktionsgeschwindigkeit führt.

> Die RGT-Regel ist eine Faustregel für viele chemische und biochemische Reaktionen.

Nachteil der Erwärmung ist jedoch, dass bei exothermen Reaktionen das Gleichgewicht auf die Eduktseite verschoben wird. Man hat also eine Reaktion, die zwar schneller abläuft, aber nicht das gewünschte Ergebnis mit viel Produkt liefert.

10.4.2   Katalysator

Eine weitere Möglichkeit, die Reaktionsgeschwindigkeit zu erhöhen, ist die Verwendung von **Katalysatoren**. Sie erniedrigen die Aktivierungsenergie, weil sie die Teilchenzusammenstöße erleichtern (o Abb. 10.3).

Vorteil der Katalysatoren ist, dass sie keinen Einfluss auf die Gleichgewichtslage haben, sondern nur die Einstellung des Gleichgewichts beschleunigen.

> ■ **MERKE** Katalysatoren sind Stoffe, die in kleinsten Mengen die Geschwindigkeit einer Reaktion erhöhen, ohne sich selbst in Beschaffenheit oder Menge zu verändern.

Beispiele für Katalysatoren sind alle Enzyme, die deshalb auch häufig Angriffspunkte für Arzneistoffe sind.

> Acetylsalicylsäure hemmt das Enzym Cyclooxygenase und verhindert so die Bildung von Prostaglandinen.

o **Abb. 10.3** Energie-Zeit-Diagramm

10.4.3 Zerteilungsgrad

Reaktionen laufen auch dann schneller ab, wenn die Stoffe einen höheren **Zerteilungs-grad** besitzen, also feiner zerkleinert sind. Dadurch vergrößert sich ihre Oberfläche und mehr Teilchen können mit anderen reagieren.

Pulverförmiges Eisen löst sich in Salzsäure also schneller auf als ein Eisenstück.

In der Apothekenpraxis ist so für gepulverte Substanzen eine schlechtere Stabilität zu erwarten, da sie eine sehr große Oberfläche besitzen. Andererseits lösen sich diese Stoffe besser.

Finden Sie Beispiele für fein zerkleinerte oder mikronisierte Stoffe aus der Rezeptur!

Aufgaben zu Kapitel 10

1. Wie verschieben sich die Gleichgewichte jeweils bei einer Erhöhung des Drucks bzw. der Temperatur? Erstellen Sie dazu jeweils die Reaktionsgleichungen.

   a) Distickstoffmonoxid und Wasserstoff reagieren exotherm zu Stickstoff und Wasser-dampf.

   b) Chlorwasserstoffgas zerfällt bei Energiezufuhr zu Wasserstoff und Chlor.

   c) Atomarer Wasserstoff reagiert unter Energiefreisetzung zu Wasserstoff.

   d) Ammoniak und Sauerstoff reagieren zu Stickstoffmonoxid und gasförmigem Wasser. Bei der Reaktion wird Energie frei.

   e) Kohlenstoffmonoxid reagiert exotherm mit Sauerstoff zu Kohlenstoffdioxid.

   f) Chlor reagiert in einer endothermen Reaktion zu atomarem Chlor.

   g) Distickstoffmonoxid bildet mit Ammoniak Stickstoff und Wasserdampf. Es wird Energie frei.

10

h) Wie verschiebt sich das Gleichgewicht in g), wenn statt Wasserdampf flüssiges Wasser entstehen würde?

_____

_____

i) Fluorwasserstoff wird in Wasserstoff und Fluor zerlegt. Für die Reaktion wird Energie benötigt.

_____

_____

2. Beim Kalkbrennen wird Kalk zu gebranntem Kalk und Kohlenstoffdioxid zersetzt.

a) Erstellen Sie die Reaktionsgleichung.

_____

b) Welchen Einfluss hat Temperaturerhöhung?

_____

c) Wie muss der Druck verändert werden, damit mehr gebrannter Kalk entsteht?

_____

d) Überlegen Sie, welche Möglichkeiten es außerdem gibt, mehr gebrannten Kalk zu erhalten.

_____

3. Schwefeltrioxid kann für die Herstellung von Schwefelsäure verwendet werden. Es lässt sich aus Schwefeldioxid und Sauerstoff herstellen. Dabei wird Energie frei.

a) Wie kann man das Gleichgewicht durch Druck und Temperatur beeinflussen?

_____

_____

b) Welchen Einfluss hat die Zugabe eines Katalysators auf die Reaktion und auf das Gleichgewicht?

_____

_____

11 Chemische Größen und Einheiten

Aus dem Kapitel Atombau kennen Sie die Massenzahl (relative Atommasse), die Sie im Periodensystem ablesen können. In diesem Kapitel werden wir diese Angaben genauer ansehen und mit der **molaren Masse** eine neue Größe kennen lernen.

11.1 Massenangaben und Stoffmenge

11.1.1 Absolute Atommasse

Sie gibt die Masse eines Atoms in **Gramm** oder in **u** an.
Da Atome sehr klein sind, ergeben sich bei der Angabe in Gramm etwas unpraktische Zahlen.

Beispiel: Absolute Atommasse von C-12 = $1,9926 \times 10^{-23}$ g

11.1.2 Atomare Masseneinheit u

Die atomare Masseneinheit u wurde eingeführt, um einfachere Zahlen für die Atommassen zu erhalten. Laut Definition ist 1 u 1/12 der Masse des Kohlenstoffisotops C-12. Umgerechnet in Gramm bedeutet das: 1 u = $1,660538921 \times 10^{-24}$ g.

Beispiel: Masse von C-12 in u: m(C-12)= 12 u

11.1.3 Relative Atommasse A_r

Meist interessieren aber nur die Massenverhältnisse der einzelnen Atome und gar nicht die tatsächliche Masse eines einzelnen Atoms. Daher wurde die relative Atommasse eingeführt. Sie gibt an wie viel Mal schwerer als die atomare Masseneinheit u ein Atom ist. Die Werte für die relative Atommasse können direkt aus dem PSE abgelesen werden. Als relative Angabe hat sie keine Einheit.

Die Werte aus dem PSE werden meist gerundet verwendet.

Beispiel: $A_r(C) = 12,0$, $A_r(O) = 16,0$

11.1.4 Relative Molekülmasse M_r

Hierbei handelt es sich um die Summe der relativen Atommassen aller Atome des betreffenden Moleküls.

Beispiel:
$M_r(O_2)$	=	2 x 16,0	=	32,0
$M_r(H_2O)$	=	2 x 1,0 + 16,0	=	18,0
$M_r(H_2SO_4)$	=			98,1

11.1.5 Molare Masse M

In der Praxis arbeiten Chemiker und Pharmazeuten aber nie mit einzelnen Atomen oder Molekülen. Deshalb wurde die molare Masse eingeführt. Sie wird in Gramm pro Mol (g/mol) angegeben (Vergleich von Mengeneinheiten ❒ Tab. 11.1).

Dabei ist ein Mol eine bestimmte Anzahl von Teilchen, nämlich genau $6,022 \times 10^{23}$ Stück. Bestimmt wurde die Anzahl mithilfe von exakt 12,0000 g des Kohlenstoffisotops C-12. Somit enthält 1 Mol egal von welcher Substanz immer gleich viele Teilchen.

Man sagt auch: 1 Mol ist eine **Stoffmenge**.

> ■ **MERKE** 1 mol = $6,022 \times 10^{23}$ Teilchen
> Diese Zahl wird als **Avogadrokonstante** bezeichnet.

Die Molare Masse ist also die Masse von einem Mol Teilchen einer Substanz. Der Zahlenwert lässt sich mithilfe der relativen Atommassen des PSE ermitteln.

Beispiel:

$M(H_2O)$ = 1,0 g/mol + 1,0 g/mol + 16,0 g/mol = **18,0 g/mol**
$M(H_2SO_4)$ = **98,1 g/mol**

❒ **Tab. 11.1** Vergleich der verschiedenen Einheiten

Stoff	Absolute Atommasse	Absolute Molekülmasse	Relative Atommasse	Relative Molekülmasse	Molare Masse
H-Atom	1 u ~ $1,66 \times 10^{-24}$ g		1		1 g/mol
H_2		2 u		2	2 g/mol
H_2O_2		34 u		34	34 g/mol

11.1.6 Stoffmenge

Mithilfe der Molaren Masse lässt sich die **Stoffmenge n** in einer bestimmten Masse eines Stoffes berechnen.

Formel:

$$\text{Stoffmenge} = \frac{\text{Masse}}{\text{Molare Masse}}$$

$$n = \frac{m}{M}$$

Praktische Bedeutung: Die Menge an Teilchen in einer Lösung ist unter anderem wichtig für die Isotonie und damit für die schmerzlose Applikation von Augentropfen oder Injektionslösungen.

Beispiele:

1. Welche Stoffmenge ist in 36 Gramm Kohlenstoff enthalten?

Gegeben: m(C) = 36 g; M(C) = 12,0 g/mol
Gesucht: n(C)

$$n(C) = \frac{m(C)}{M(C)} = \frac{36\,g}{12,0\,g/mol} = 3\ mol$$

Antwort: Es sind 3 mol Teilchen enthalten.

Ein Mol ist die Stoffmenge, die aus ebenso vielen Einzelteilchen besteht, wie Atome in 12,0000 g des Kohlenstoffisotops ^{12}C enthalten sind.

Sie könnten auch sagen: $6,022 \times 10^{23}$ Mäuse sind 1 Mol Mäuse.

Isotonische Natriumchlorid-Lösung ist 0,9 %ig (m/m).

2. Fünf Gramm Magnesium werden verbrannt. Wie viel Gramm Magnesiumoxid entstehen dabei?

Gegeben: $m(Mg) = 5\,g$; $M(Mg) = 24{,}3\,g/mol$; $M(O_2) = 32{,}0\,g/mol$; $M(MgO) = 40{,}3\,g/mol$

Gesucht: $m(MgO)$

Zuerst stellt man die Reaktionsgleichung auf:

Reaktionsgleichung: $2\,Mg + O_2 \longrightarrow 2\,MgO$

Aus der Reaktionsgleichung kann man direkt ablesen, in welchem Stoffmengenverhältnis die Stoffe miteinander reagieren:

Reaktionsgleichung:	$2\,Mg$	$+$	O_2	$\longrightarrow$	$2\,MgO$
Stoffmengenverhältnis:	$2\,mol$		$1\,mol$		$2\,mol$

Die Stoffmengen lassen sich nun mithilfe der molaren Massen in ein Massenverhältnis umrechnen.

$$m = n \cdot M$$

$$m(Mg) = 2\,mol \cdot 24{,}3\,\frac{g}{mol} = 48{,}6\,g$$

$$m(O_2) = 1\,mol \cdot 32{,}0\,\frac{g}{mol} = 32{,}0\,g$$

$$m(MgO) = 2\,mol \cdot 40{,}3\,\frac{g}{mol} = 80{,}6\,g$$

Reaktionsgleichung:	$2\,Mg$	$+$	O_2	$\longrightarrow$	$2\,MgO$
Stoffmengenverhältnis:	$2\,mol$		$1\,mol$		$2\,mol$
Massenverhältnis:	$48{,}6\,g$		$32{,}0\,g$		$80{,}6\,g$

Das bedeutet, dass aus $48{,}6\,g$ Magnesium $80{,}6\,g$ Magnesiumoxid entstehen.

$48{,}6\,g$ Magnesium   entspricht $80{,}6\,g$ Magnesiumoxid
$5\,g$ Magnesium   entspricht x
$x = m(MgO) = \dfrac{5\,g}{48{,}6\,g} \cdot 80{,}6\,g = 8{,}3\,g$

Antwort: Es entstehen 8,3 Gramm Magnesiumoxid.

Ganz nebenbei ist hier auch noch das Gesetz von der Erhaltung der Masse erfüllt: $48{,}6\,g + 32{,}0\,g = 80{,}6\,g$.

11.2   Molares Volumen und Volumenumsatz

In ▸ Kap. 10.3.3 haben wir bereits festgestellt, das Gase unabhängig von ihrer Art immer das gleiche Volumen einnehmen. Dabei gilt das **Gesetz von Avogadro**.
Mit unserer neuen Zähleinheit **Mol** wissen wir somit auch, dass 1 Mol eines Gases immer das gleiche Volumen einnimmt, wenn der Druck und die Temperatur konstant sind. Herrschen Normalbedingungen, das heißt ein Druck von 1013 hPa und eine Temperatur von 273 K (= 0 °C), dann hat ein Mol Gas immer ein Volumen von 22,4 Litern. Dieses Volumen heißt **molares Normalvolumen** V_{mn}.

= Gleiche Volumina gasförmiger Stoffe enthalten bei gleichem Druck und gleicher Temperatur gleich viele Teilchen.

$$\text{Molares Volumen} = \frac{\text{Volumen}}{\text{Stoffmenge}}$$

$$V_m = \frac{V}{n}$$

Unter Normalbedingungen gilt: $V_m = V_{mn}$

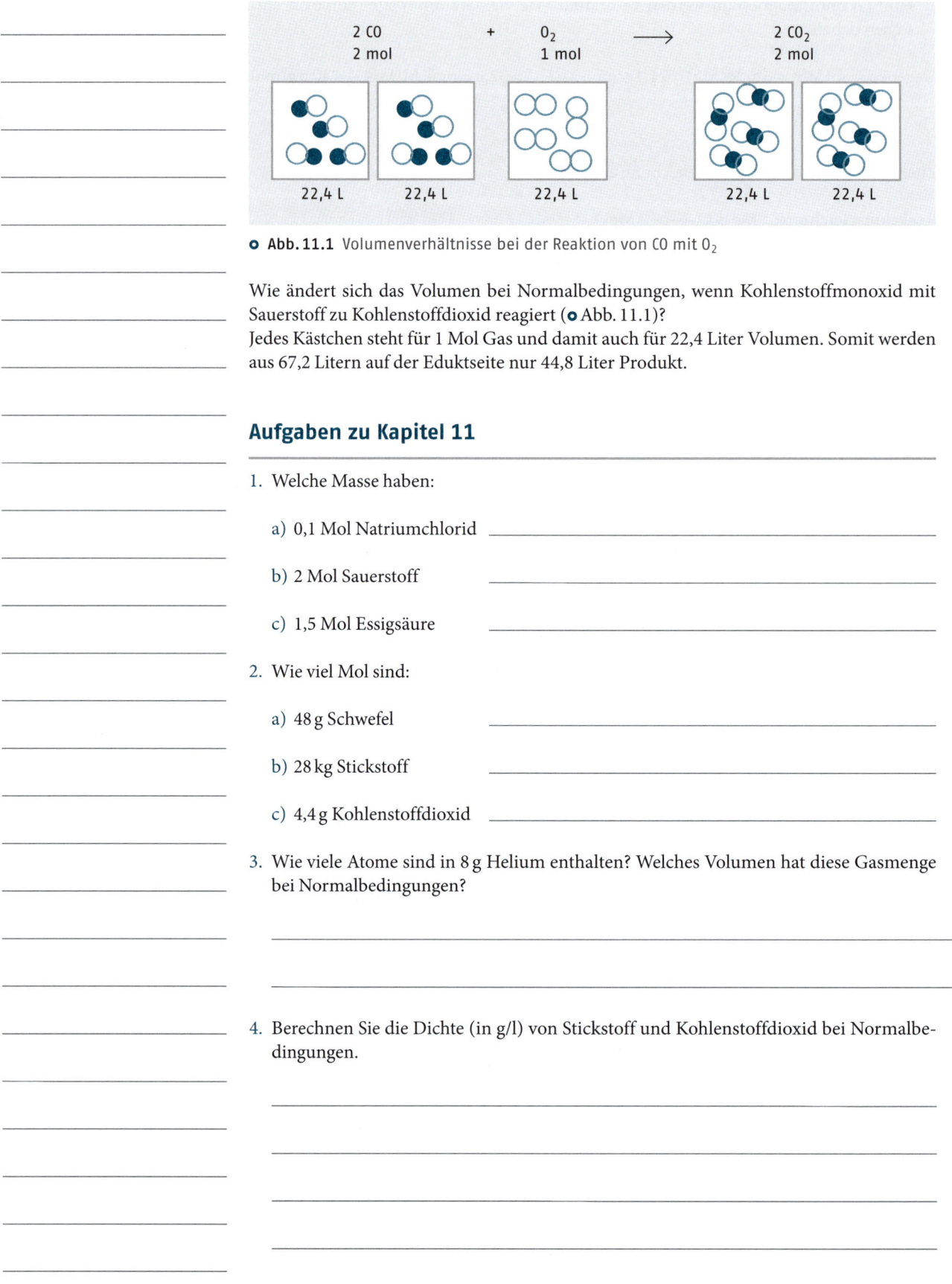

Abb. 11.1 Volumenverhältnisse bei der Reaktion von CO mit O_2

Wie ändert sich das Volumen bei Normalbedingungen, wenn Kohlenstoffmonoxid mit Sauerstoff zu Kohlenstoffdioxid reagiert (○ Abb. 11.1)?
Jedes Kästchen steht für 1 Mol Gas und damit auch für 22,4 Liter Volumen. Somit werden aus 67,2 Litern auf der Eduktseite nur 44,8 Liter Produkt.

Aufgaben zu Kapitel 11

1. Welche Masse haben:

   a) 0,1 Mol Natriumchlorid _____

   b) 2 Mol Sauerstoff _____

   c) 1,5 Mol Essigsäure _____

2. Wie viel Mol sind:

   a) 48 g Schwefel _____

   b) 28 kg Stickstoff _____

   c) 4,4 g Kohlenstoffdioxid _____

3. Wie viele Atome sind in 8 g Helium enthalten? Welches Volumen hat diese Gasmenge bei Normalbedingungen?

   _____

   _____

4. Berechnen Sie die Dichte (in g/l) von Stickstoff und Kohlenstoffdioxid bei Normalbedingungen.

   _____

   _____

   _____

   _____

5. Erstellen Sie die Gleichung für die Photosynthese. Kohlenstoffdioxid reagiert dabei mit Wasser zu Sauerstoff und Zucker ($C_6H_{12}O_6$).

_____

a) Wie viel Mol Wasser bzw. Kohlenstoffdioxid sind nötig, damit 2 mol Zucker entstehen?

_____

_____

b) Sie benötigen 270 Gramm Zucker. Welche Massen an Kohlenstoffdioxid und Wasser müssen Sie einsetzen?

_____

_____

_____

c) Welches Volumen an Sauerstoffgas entsteht unter Normalbedingungen, wenn 1 mol Zucker gebildet wird?

_____

_____

11

12 Salze

Salze sind Ionenverbindungen, die in Wasser zu praktisch 100 % dissoziieren und deshalb starke Elektrolyte sind (▸ Kap. 6).
Im Salzkristall erfolgt der Zusammenhalt der Teilchen über elektrische Anziehungskräfte, die Coulomb-Kräfte.

■ **MERKE** Für alle Formeln und Namen der Salze gilt: Die Kationen stehen vor den Anionen.

12.1 Salzarten

Wir unterscheiden vier „Salzarten":
- Neutralsalze
- Saure Salze
- Basische Salze
- Doppelsalze

12.1.1 Neutralsalze
- Entstehen durch Neutralisation, also durch die Reaktion äquivalenter Mengen Säure und Base.
- Sie enthalten in ihrer Formel in der Regel keine Protonen und keine Hydroxidionen.
- Alle abspaltbaren Protonen der Säure sind durch andere Kationen ersetzt.
- Beispiele: Natriumsulfat Na_2SO_4, Calciumcarbonat $CaCO_3$

Achtung – scheinbare Ausnahme: Natrium–phosphinat NaH_2PO_2 ist ein Neutralsalz. Seine Wasserstoffe lassen sich nicht als Protonen abspalten. Der Säurerest ist somit: $H_2PO_2^-$ (Phosphinat oder auch Hypophosphit).

12.1.2 Saure Salze
- Die Formel enthält noch mindestens ein abspaltbares Proton.
- Nicht alle abspaltbaren Protonen sind durch andere Kationen ersetzt.
- „H" steht immer nach dem Kation.
- Beispiele: Natriumhydrogensulfat $NaHSO_4$, Calciumhydrogencarbonat $Ca(HCO_3)_2$

12.1.3 Basische Salze
- Die Formel enthält noch mindestens ein Hydroxidion.
- Nicht alle OH^--Ionen einer mehrwertigen Base sind durch Säurerestionen ersetzt
- Beispiel: Eisen(III)-hydroxidsulfat $FeOHSO_4$

12.1.4 Doppelsalze
- Entstehen, wenn aus einer Lösung zwei Salze in einem einfachen stöchiometrischen Verhältnis unter Bildung eines Kristallgitters auskristallisieren.
- In der Formel und im Namen stehen die Kationen vor den Anionen.
- Sind mehrere Anionen oder Kationen vorhanden, werden sie jeweils alphabetisch sortiert.

- Beispiele: Calciumchloridhypochlorit CaCl(ClO), Ammoniummagnesiumphosphat MgNH$_4$PO$_4$

Besondere Doppelsalze sind die **Alaune**. Ihre Formel ist immer nach dem folgenden Schema aufgebaut:

$$\overset{\text{I}}{\text{Me}} \quad \overset{\text{III}}{\text{Me}} \quad (\text{SO}_4)_2 \times 12\,\text{H}_2\text{O}$$

Dabei können die einwertigen Ionen Na$^+$, K$^+$, Ag$^+$ oder auch NH$_4^+$ und die dreiwertigen Ionen unter anderem Al^{3+}, Mn^{3+}, Fe^{3+}, Cr^{3+} sein.
Das bekannteste Alaun ist sicher AlK(SO$_4$)$_2$ × 12 H$_2$O (Aluminiumkaliumsulfat-Dodeca-hydrat) (▶ Kap. 13.2.2). Es wird auch als Alumen oder einfach Alaun bezeichnet und wirkt hämostyptisch. Einsatz findet es in Rasierstiften und als Zusatz für selbst gemachte Knet-masse oder in Kristallzuchten.

12.2 Protolyse von Salzen

In den Monographien des Arzneibuchs und bei den Rezepturen des DAC/NRF wird immer wieder der pH-Wert von Salzlösungen bestimmt. Auch bei Lösungen von Neutral-salzen findet man nämlich pH-Werte, die deutlich von pH 7 (Neutralpunkt) abweichen. Der Grund dafür liegt in der Tatsache, dass Salze mit dem Wasser Protolysereaktionen eingehen und dadurch wieder Säuren und Basen bilden, die unterschiedlich stark sein können.

Salzlösungen haben häufig keinen neutralen pH-Wert.

Beispiel 1:
Unter der NRF-Rezeptur 11.132 steht bei Eigenschaften:
„Viskose Aluminiumchlorid-Hexahydrat-Lösung 15 %/20 % hat … pH 2 bis 2,3".
Aufgrund des sauren pH-Wertes sind auch die für den Kunden wichtigen Anwendungs-hinweise zu verstehen: „Kontakt mit Augen und Schleimhäuten und der Wäsche ist zu vermeiden. Aluminiumchlorid-Hexahydrat wirkt korrosiv und schädigt Metallteile an Textilien." Zur Erklärung sehen wir uns die Protolysereaktion von Aluminiumchlorid in Wasser an.

- Zuerst dissoziiert Aluminiumchlorid in seine Ionen:
  Dissoziation: $\text{AlCl}_3 \longrightarrow \text{Al}^{3+} + 3\,\text{Cl}^-$
- Dann reagieren die entstandenen Ionen in einer Protolysereaktion mit Wasser.
  Protolyse 1: $\text{Al}^{3+} + 3\,\text{Cl}^- + 3\,\text{H}_2\text{O} \longrightarrow \text{Al(OH)}_3 + 3\,\text{HCl}$

Das Aluminiumhydroxid ist eine relative schwache Base und dissoziiert deshalb in Was-ser kaum. Chlorwasserstoff dagegen ist eine starke Säure und dissoziiert in Wasser voll-ständig.

- Die Protolysegleichung lässt sich deshalb auch so schreiben:
  Protolyse 2: $\text{Al}^{3+} + 3\,\text{Cl}^- + 3\,\text{H}_2\text{O} \longrightarrow \text{Al(OH)}_3 + \mathbf{3\,H^+} + 3\,\text{Cl}^-$

In der letzten Gleichung sieht man die ungebundenen Protonen, die für den **sauren pH-Wert** verantwortlich sind.

Beispiel 2:
In welchem Bereich liegt der pH-Wert für das basische Salz AlCl$_2$OH?
Dissoziation: $\text{AlCl}_2\text{OH} \longrightarrow \text{Al}^{3+} + 2\,\text{Cl}^- + \text{OH}^-$
Protolyse: $\text{Al}^{3+} + 2\,\text{Cl}^- + \text{OH}^- + 3\,\text{H}_2\text{O} \longrightarrow \text{Al(OH)}_3 + \mathbf{2\,H^+} + 2\,\text{Cl}^-$

Benennen Sie die Verbindung AlCl$_2$OH!

Der pH-Wert liegt also im leicht sauren Bereich, da bei der Reaktion ungebundene Proto-nen übrig bleiben. Allerdings ist die Lösung weniger sauer als die Lösung von Alumini-umchlorid, da das Neutralsalz drei statt nur zwei Protonen freisetzt.

12

■ **MERKE** Bei sauren Salzen ist die Reaktion im Vergleich zu den Neutralsalzen zu einem kleineren pH−Wert verschoben. Bei basischen Salzen ist die Reaktion im Vergleich zu den Neutralsalzen zu einem größeren pH−Wert verschoben.
Aber: Der pH−Wert eines sauren Salzes muss nicht im sauren Bereich liegen. Der pH−Wert eines basischen Salzes muss nicht im alkalischen Bereich liegen.

Aufgaben zu Kapitel 12

1. Ergänzen Sie.

Formel	Name	Salzart
$CaCO_3$		
$FeCl_2$		
$FeCl_3$		
$LiHSO_3$		
$MgCl(OH)$		
NaH_2PO_4		
Na_2HPO_4		
Na_3PO_4		
$AlCl_3$		
$Al(CH_3COO)_2(OH)$		
$KHSO_4$		
$Ca(H_2PO_2)_2$		
$Bi(NO_3)(OH)_2$		
Na_2SO_4		
$MgNH_4PO_4$		
$CaClClO$		

2. Formulieren Sie die Dissoziations- und Protolysegleichungen für folgende Verbindungen. Geben Sie jeweils an, in welchem Bereich der pH-Wert der Lösung liegen muss.

■ Kaliumcarbonat _____

_____

pH-Bereich: _____

■ Kaliumhydrogencarbonat

pH-Bereich:

■ Ammoniumsulfid

pH-Bereich:

■ Kaliumsulfid

pH-Bereich:

■ Calciumacetat

pH-Bereich:

3. Natriumhydrogencarbonat darf laut der Arzneibuchmonographie einen pH-Wert von höchstens 8,6 haben. Der pH-Wert für dieses saure Salz liegt also im schwach alkalischen Bereich. Eine mögliche Verunreinigung könnte Natriumcarbonat sein.

a) Wo liegt der pH-Wert von Natriumcarbonat im Vergleich zum pH-Wert von Natriumhydrogencarbonat?

b) Begründen Sie Ihre Entscheidung mithilfe von Gleichungen.

12

4. Laut Arzneibuch haben die Lösungen von
a) Natriumdihydrogenphosphat einen schwach sauren pH-Wert und von
b) Natriummonohydrogenphosphat eine schwach alkalischen pH-Wert.
Erklären Sie die pH-Werte mithilfe von Dissoziations- und Protolysegleichungen.

a)

b)

13 Apothekenübliche Substanzen

13.1 Halogenverbindungen

13.1.1 Fluorverbindungen

Natriumfluorid

Formel: NaF

Weitere Namen: Natrium fluoratum

Verwendung:
- Zur Härtung des Zahnschmelzes
  - Oral: täglicher Bedarf bei Kindern: 0,25 bis 1 mg Fluorid z. B. in Fluoretten®, Zymafluor®
  - Lokal: Elmex® Gelee, Sensodyne® PROSCHMELZ® Fluorid Gelée
  - Ferner in Zahnpasten und Mundspüllösungen
- Osteoporosetherapie

Wissenswertes: Calcium bildet mit Fluorid schwerlösliches Calciumfluorid:

$2\,NaF + Ca^{2+} \longrightarrow CaF_2\downarrow + 2\,Na^+$

Bei Überdosierung wirken Fluoride als starke Enzymgifte!

▪ **CAVE** (Klein-)Kinder dürfen nicht gleichzeitig Fluoridtabletten und fluoridhaltige Zahnpasta bekommen.

Fluorwasserstoffsäure

Formel: $HF_{(aq)}$

Weitere Namen: Flusssäure

Verwendung:
- Zum Ätzen von Glas (bei nur kurzer Einwirkzeit)
- Reagenz

Wissenswertes:
- Stark ätzend
- Enzymgift
- Fluorwasserstoff wird leicht über die Haut resorbiert. Antidot: Calciumgluconatsalbe
- Greift Glas an und löst es bei längerer Einwirkzeit auf: $SiO_2 + 4\,HF \longrightarrow SiF_4\uparrow + 2\,H_2O$
- Aufbewahrung: in Polyethylengefäßen

Ab etwa handflächengroßen Verätzungen mit Fluorwasserstoff besteht Lebensgefahr!

13.1.2 Chlorverbindungen

Chlor

Siehe Bleich- und Desinfektionsmittel, ▸ Kap. 8.4.1

Achtung: Vergiftungen durch Unfälle, mit Wasser bilden sich HCl und HClO (Lungenödem!)

Tödliche Dosis: 2 mg/l Luft

Natriumchlorid

Formel:	NaCl
Weitere Namen:	Kochsalz, Steinsalz, Natrium chloratum, Natrium muriaticum
Verwendung:	◼ Volumenersatz
	◼ Nasentropfen oder Nasenspülung: physiologische (isotonische) Kochsalzlösung 0,9 %ig
	◼ Elektrolytlösung bei Erbrechen, Durchfall und starkem Schwitzen
	◼ Zusatz in macrogolhaltigen Laxantien
Wissenswertes:	0,9 %ig: Das bedeutet 9 g Kochsalz auf 1 L Wasser.

◼ **CAVE Verwechslungsgefahr! Natrium chloratum ≠ Natriumchlorat**

Kaliumchlorid

Formel:	KCl
Weitere Namen:	Kalium chloratum
Verwendung:	◼ Kaliumsubstitution bei Hypokaliämie durch Erbrechen, Diarrhoe, Laxantienabusus oder Einnahme nicht kaliumsparender Diuretika
Wissenswertes:	Auf Rezepten muss „chloratum" ausgeschrieben sein, damit keine Verwechslungen mit Kalium chloricum (Kaliumchlorat $KClO_3$, Sprengstoff, Oxidationsmittel) auftreten.
Nachweis:	

$$2\,K^+ + Na_3[Co(NO_2)_6] \longrightarrow K_2Na[Co(NO_2)_6]\downarrow + 2\,Na^+$$

Kalium-ion   Natriumhexanitro-cobaltat(III)   Dikaliumnatrium-hexanitro-cobaltat(III)   Natrium-ion

Oder Nachweis mit Weinsäure als Kaliumhydrogentartrat.

Ammoniumchlorid

Formel:	NH_4Cl
Weitere Namen:	Salmiak
Verwendung:	Expectorans
Wissenswertes:	◼ In Salmiakpastillen und Mixtura solvens enthalten
	◼ Zusatz in Salzlakritz

Eisen(III)-chlorid-hexahydrat

Formel:	$FeCl_3 \times 6\,H_2O$
Weitere Namen:	Ferri chloridum hexahydricum, Ferrum sesquichloratum
Verwendung:	◼ Hämostyptikum
	◼ Reagenz zum Nachweis phenolischer OH-Gruppen
	Phenol:

OH

Praxishinweis

Mit Phenolen bilden Eisen(III)-Salze farbige Komplexe. Folglich sind Fe^{3+}-Ionen mit phenolischen Wirkstoffen inkompatibel.

13

Die antihydrotischen Zuberei-
tungen mit Aluminiumchlorid
sollten abends aufgetragen
und morgens abgewaschen
werden.

Aluminiumchlorid-Hexahydrat

Formel:	$AlCl_3 \times 6\ H_2O$
Verwendung:	■ Adstringens
	■ Antihydrotikum

Chlorwasserstoffsäure

Formel:	$HCl_{(aq)}$ (konzentrierte Salzsäure 35–39 %)
Weitere Namen:	Acidum hydrochloricum dilutum (Salzsäure 10 %),
	Acidum hydrochloricum concentratum (Salzsäure 36 %)
Verwendung:	■ HCl 10 % zur Säuresubstitution oral (obsolet)
	■ Maßlösung, Reagenz
	■ Zu Putzzwecken: z. B. als WC-Reiniger
Physiologische Bedeutung:	■ Aktiviert Pepsinogen zu Pepsin
	■ Tötet die mit der Nahrung aufgenommenen Bakterien im Magen ab
	■ Denaturiert Eiweiß
Wissenswertes:	■ Klare, farblose Flüssigkeit, die bei einer Konzentration > 30 % an der Luft raucht.

Sauerstoffsäuren des Chlors

Name	Formel	Weitere Namen
Hypochlorige Säure	$HClO$	Unterchlorige Säure, Chlor(I)-säure
Chlorige Säure	$HClO_2$	Chlor(III)-säure
Chlorsäure	$HClO_3$	Chlor(V)-säure
Perchlorsäure	$HClO_4$	Chlor(VII)-säure

Verwendung: Hypochlorige Säure, Chlorige Säure und Chlorsäure werden zum Bleichen und Desinfizieren verwendet. Alle drei sind wenig stabile, aber gute Oxidationsmittel.

Verwendung $HClO_4$:
- ■ Zu quantitativen Bestimmungen – wasserfreie Titration
- ■ Perchlorationen hemmen die Aufnahme von Iodidionen in die Schilddrüse ($NaClO_4$ als Thyreostatikum).

Perchlorsäure ist die stärkste
Säure, die im Arzneibuch
verwendet wird.

13.1.3 Iodverbindungen

Iod

Verwendung:	■ Desinfektionsmittel ▶ Kap. 8.4.3
	■ Als Maßlösung in der Iodometrie

Kaliumiodid

Formel:	KI
Verwendung:	■ Strumaprophylaxe
	■ Schutz vor radioaktiven Iodisotopen bei nuklearen Unfällen
Wissenswertes:	■ Täglicher Bedarf an Iodid: 0,15 mg bis 0,2 mg
	Die höheren Mengen werden z. B. in Schwangerschaft und Stillzeit benötigt.

Bei Reaktorunfällen werden
einmalig Ioddosen bis
130 mg verabreicht.

13.2 Chalkogenverbindungen

13.2.1 Sauerstoffverbindungen
Wasserstoffperoxid
▸ Kap. 8.4.1

Sauerstoff

Formel: O_2

Verwendung:
- Zur Beatmung z. B. bei Sauerstoffmangel, Vergiftungen

Wissenswertes:
- Häufigstes Element in der Erdkruste
- Zu ca. 21 % in der Luft enthalten
- Starkes Oxidationsmittel
- Sauerstoffhaltige Ionen: O^{2-} = Oxid, OH^- = Hydroxid

CAVE Vergiftungsgefahr bei zu langer Dauer und hoher Dosis bei der Beatmung!

Natriumhydroxid und Kaliumhydroxid

Alkalihydroxide

Name	Formel	Trivialname
Natriumhydroxid	$NaOH_{(s)}$	Ätznatron
Natriumhydroxidlösung	$NaOH_{(aq)}$	Natronlauge
Kaliumhydroxid	$KOH_{(s)}$	Ätzkali
Kaliumhydroxidlösung	$KOH_{(aq)}$	Kalilauge

Eigenschaften:
- Farblose, stark hygroskopische Substanzen
- Starke Basen, deshalb leicht löslich in Wasser unter starker Wärmeentwicklung
- Stark ätzend

Verwendung:
- In der Analytik als Reagenz und als Maßlösung
  Alkalihydroxide sind keine Urtitersubstanzen. Die Lösungen sind nicht faktorstabil, da sie CO_2 aus der Luft aufnehmen.
- Als Grundstoff für die Seifenindustrie

Wissenswertes:
- Mit Natriumhydroxid entsteht Kernseife
  = medizinische Seife
  = fest (Sapo medicatus)
- Mit Kaliumhydroxid entsteht Schmierseife
  = Kaliseife
  = flüssig (Sapo kalinus)

Laugenverätzungen führen zu tiefen Nekrosen, da Laugen Gewebeeiweiß angreifen.

Alkaliseifen sind biologisch abbaubar.
Nachteile: Sie zerstören den Säureschutzmantel der Haut und bilden in hartem Wasser unwirksame Kalkseifen.

Calciumhydroxid

Es entsteht durch Zugabe einer äquivalenten Menge Wasser zu Calciumoxid.

Name	Formel	Trivialname
Calciumhydroxid	$Ca(OH)_{2(s)}$	Gelöschter Kalk
Calciumhydroxidlösung, gesättigt	$Ca(OH)_{2\,(aq)}$	Kalkwasser

Verwendung: In Lotionen, da es schwach hyperämisierend und keratolytisch wirkt

Wissenswertes: Kalkkreislauf ○ Abb. 13.1

▸ Kap. 13.4.1 Calcium-carbonat

13

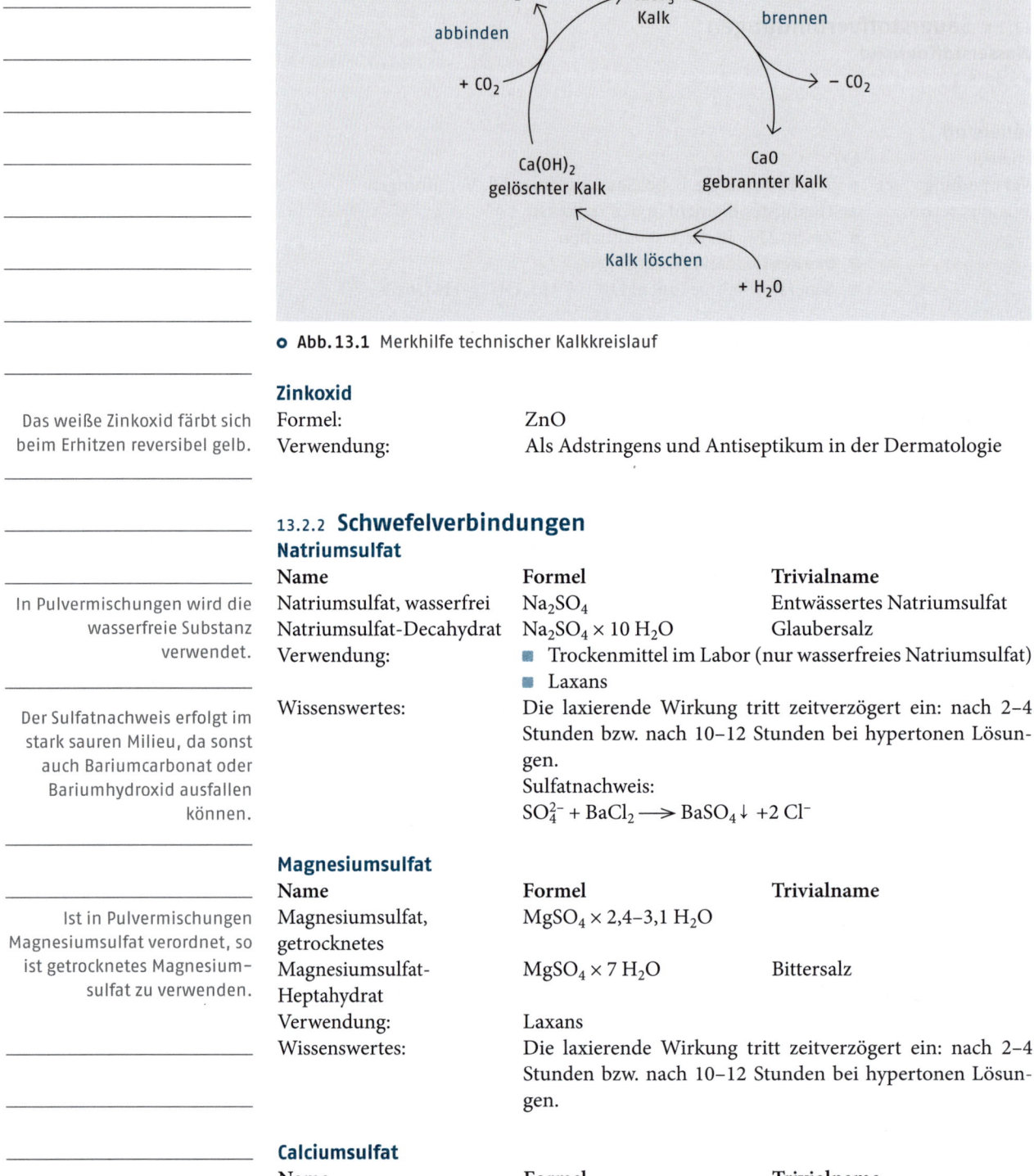

○ **Abb. 13.1** Merkhilfe technischer Kalkkreislauf

Zinkoxid

Das weiße Zinkoxid färbt sich beim Erhitzen reversibel gelb.

Formel: ZnO

Verwendung: Als Adstringens und Antiseptikum in der Dermatologie

13.2.2 Schwefelverbindungen

Natriumsulfat

Name	Formel	Trivialname
Natriumsulfat, wasserfrei	Na_2SO_4	Entwässertes Natriumsulfat
Natriumsulfat-Decahydrat	$Na_2SO_4 \times 10\,H_2O$	Glaubersalz

In Pulvermischungen wird die wasserfreie Substanz verwendet.

Verwendung:
- Trockenmittel im Labor (nur wasserfreies Natriumsulfat)
- Laxans

Der Sulfatnachweis erfolgt im stark sauren Milieu, da sonst auch Bariumcarbonat oder Bariumhydroxid ausfallen können.

Wissenswertes: Die laxierende Wirkung tritt zeitverzögert ein: nach 2–4 Stunden bzw. nach 10–12 Stunden bei hypertonen Lösungen.

Sulfatnachweis:

$$SO_4^{2-} + BaCl_2 \longrightarrow BaSO_4\downarrow + 2\,Cl^-$$

Magnesiumsulfat

Name	Formel	Trivialname
Magnesiumsulfat, getrocknetes	$MgSO_4 \times 2{,}4\text{–}3{,}1\,H_2O$	
Magnesiumsulfat-Heptahydrat	$MgSO_4 \times 7\,H_2O$	Bittersalz

Ist in Pulvermischungen Magnesiumsulfat verordnet, so ist getrocknetes Magnesiumsulfat zu verwenden.

Verwendung: Laxans

Wissenswertes: Die laxierende Wirkung tritt zeitverzögert ein: nach 2–4 Stunden bzw. nach 10–12 Stunden bei hypertonen Lösungen.

Calciumsulfat

Name	Formel	Trivialname
Calciumsulfat-Hemihydrat	$CaSO_4 \times \frac{1}{2}\,H_2O$	Gebrannter Gips
Calciumsulfat-Dihydrat	$CaSO_4 \times 2\,H_2O$	Gips

Verwendung: Herstellung von Gipsverbänden oder Gipsabdrücken

Wissenswertes: Gebrannter Gips reagiert mit Wasser zu Gips in einer exothermen Reaktion. Daher wird er bei der Anfertigung von Gipsverbänden oder Gipsmasken warm.

Praxistipp

Für Gipsmasken: Vorher reichlich mit Creme einfetten. Das gilt besonders für behaarte Bereiche wie Augenbrauen.

Bariumsulfat

Formel:	$BaSO_4$
Weitere Namen:	Schwerspat
Verwendung:	Als Röntgenkontrastmittel im Magen-Darm-Trakt oder in Implantaten wie Implanon®

■ **CAVE** Alle wasserlöslichen Bariumverbindungen sind giftig!

Eigentlich wasserunlösliches Bariumcarbonat wird durch die Magensäure in lösliches Bariumchlorid umgewandelt und ist somit giftig. Formulieren Sie die Verdrängungsreaktion!

Eisen(II)-sulfat-Heptahydrat

Formel:	$FeSO_4 \times 7\ H_2O$
Weitere Namen:	Eisenvitriol, grüner Vitriol
Verwendung:	Orale Eisensubstitution
Wissenswertes:	Standgefäß nach Gebrauch fest verschließen, da Eisen(II)-Ionen leicht zu Fe^{3+} oxidiert werden.

■ **CAVE** Eisensalze zeigen viele Wechselwirkungen, unter anderem mit L-Dopa, Antibiotika, Schilddrüsenhormonen und Antazida.

Zweiwertiges Eisen ist oral besser bioverfügbar als Eisen(III)-Ionen.

Kupfer(II)-sulfat-Pentahydrat

Formel:	$CuSO_4 \times 5\ H_2O$
Weitere Namen:	Kupfervitriol, Blauer Vitriol
Verwendung:	■ Desinfektionsmittel
	■ Adstringens
	■ Im Pflanzenschutz
	■ Als Mittel gegen Algen (Algizid)

■ **CAVE** Kupfervitriol ist gesundheitsschädlich beim Verschlucken und giftig für Wasserorganismen!

GHS07   GHS09

Zinksulfat

Formel:	$ZnSO_4$
Verwendung:	Verwendet werden meist das Heptahydrat oder das Monohydrat:
	■ Als Adstringens und Antiseptikum bei
	■ Bindehautentzündungen am Auge
	■ Lippenherpes
	■ Zur Zinksubstitution

Praxistipp

Die Resorption von Zink wird durch Phytine aus der Nahrung stark beeinträchtigt. Zinktabletten sollten deshalb mit mindestens 2 Stunden Abstand zu (Vollkorn-) Getreideprodukten, Hülsenfrüchten und Nüssen eingenommen werden.

13

Benennung laut Arzneibuch: Aluminiumkaliumsulfat, obwohl das Dodecahydrat gemeint ist.

Aluminiumkaliumsulfat–Dodecahydrat

Formel: $AlK(SO_4)_2 \times 12\ H_2O$

Weitere Namen: Alaun, Alumen

Allgemeine Formel für Alaune:

$$\overset{I}{Me}\ \ \overset{III}{Me}\ \ (SO_4)_2 \times 12\ H_2O$$

Verwendung:
- Hämostyptikum
- Antihydrotikum
- Knetmasseherstellung
- Färbt Hortensien blau

▪ **CAVE** Hinweis für Eltern: Alaunhaltige Knete darf nicht gegessen werden!

Durch seine Fähigkeit Iod zu entfärben eignet sich Natriumthiosulfat auch zur Entfernung von Iodflecken und zur Reinigung durch Iod verfärbter Laborgefäße.

Natriumthiosulfat

Formel: $Na_2S_2O_3 \times 5\ H_2O$

Weitere Namen: Fixiersalz

Verwendung:
- Salben und Lösungen gegen parasitäre Hauterkrankungen
- Antidot bei Vergiftung mit Blausäure oder Cyanogenen
- Als Reagenz und Maßlösung in der Iodometrie.
- Früher: Fixiersalz in der Fotographie

Schwefelwasserstoff

Formel: H_2S

Weitere Namen: Acidum hydrosulfuricum

Verwendung:
- In der analytischen Chemie zum Nachweis von Schwermetallionen, wobei der geforderte pH-Wert immer eingehalten werden muss.
  - Alkali- und Erdalkalimetallsulfide sind farblos und löslich in Wasser.
  - Schwermetallsulfide sind meist gefärbt und schwer löslich in Wasser.

Das einzige weiße Schwermetallsulfid ist Zinksulfid.

Wissenswertes:
- Schwache zweibasige Säure
- Farbloses, nach faulen Eiern riechendes, stark giftiges Gas

Schwefelsäure

Formel: H_2SO_4 (konzentrierte Schwefelsäure 95–100 %)

Eigenschaften: Konzentrierte Schwefelsäure:
- Farblose, ätzende Flüssigkeit von öliger Konsistenz
- Sehr stark hygroskopisch
- Sehr starkes Oxidationsmittel

Verwendung:
- Als Reagenz
- Zur Herstellung schwächerer Säuren aus deren Salzen: Verdrängungsreaktion (▶ Kap. 7.2.4)
- In Autobatterien

Eigentlich müsste es Autoakkumulator heißen.

Wissenswertes: Konzentrierte Schwefelsäure löst als sehr starkes Oxidationsmittel fast alle Metalle.

Ausnahmen:
- Ag, Au, Pt (edle Metalle)
- Fe, Al, Pb und weitere unedle Metalle, die **Passivierung** (▶ Kap. 8.3) zeigen

▪ **CAVE** Vorsicht beim Verdünnen von konzentrierter Schwefelsäure! Die Reaktion von Schwefelsäure mit Wasser ist stark exotherm: SPRITZGEFAHR! Deshalb Säure langsam, in kleinen Mengen, unter Rühren ins Wasser gießen. Nie umgekehrt! Thermostabiles Gefäß verwenden (Becherglas, kein Abgabe- oder Standgefäß!)

Schwefel

Formel: S, korrekter eigentlich S_8

Verwendung:
- Äußerlich bei bakteriellen Hauterkrankungen
- Als Netzschwefel als Fungizid im Pflanzenschutz
- In Kartoffelklößen gegen graue Verfärbungen beim Kochen

Selendisulfid

Formel: SeS_2

Verwendung:
- In medizinischen Shampoos
  - Gegen Schuppen
  - Gegen Kleienpilzflechte

Patientenhinweis: Das Shampoo hat einen schwefelartigen Geruch und kann die Haare vorübergehend gelb färben – Selendisulfid ist orange!

13.3 Verbindungen aus der Stickstoffgruppe

13.3.1 Stickstoffverbindungen

Distickstoffmonoxid

Formel: N_2O

Weitere Namen: Lachgas

Verwendung:
- Narkosemittel mit analgetischer Zusatzwirkung
- Als Treibmittel z. B. in Sprühsahne

Silbernitrat

▶ Kap. 8.4.3 Weitere Desinfektionsmittel

Ammoniak $NH_{3(g)}$, Ammoniak-Lösung $NH_{3(aq)}$

Formel:
- $NH_{3(g)}$ Ammoniak
- $NH_{3(aq)}$ Salmiakgeist, Ammoniakwasser

Eigenschaften:
- Farbloses, stechend riechendes, zu Tränen reizendes Gas
- Leicht löslich in Wasser
- Stark ätzend und giftig

Verwendung:
- Innerlich: als Expektorans
- Äußerlich:
  - In hyperämisierenden Rheumaeinreibungen
  - Zur Pinselung bei Insektenstichen
- Zur Herstellung von Düngemitteln, z. B. Ammoniumsulfat $(NH_4)_2SO_4$
- Zu Reinigungszwecken

Wissenswertes: Konzentrierte Ammoniaklösung enthält etwa 25 % Ammoniak.

Durch die Reaktion von Salmiakgeist mit Salzsäure entsteht Salmiak (NH_4Cl).

Salpetrige Säure

Formel: HNO_2

Wissenswertes: Salpetrige Säure ist wenig beständig und kann je nach Reaktionspartner als Oxidations- oder Reduktionsmittel wirken:

II	Red.	III	Ox.	V
$NO\uparrow$	$\longleftarrow$	NO_2^-	$\longrightarrow$	NO_3^-
Stickstoffmonoxid		Nitrit		Nitrat

13

Salpetersäure

Formel:	HNO_3 (konzentrierte Salpetersäure 68–70 %)
Weitere Namen:	Acidum nitricum
Eigenschaften:	■ Farblose, höchstens schwach gelblich gefärbte Flüssigkeit, stechender Geruch
	■ Stark ätzend
	■ Starke Säure mit großer Oxidationswirkung
Wissenswertes:	■ Ähnlich wie konzentrierte Schwefelsäure löst auch konzentrierte Salpetersäure die meisten Metalle.
	Ausnahmen:
	■ Au, Pt (edle Metalle)
	■ Fe, Al, Pb und andere unedle Metalle, die Passivierung (▸ Kap. 8.3) zeigen

Gold und Platin lassen sich in Königswasser lösen. Königswasser besteht aus 1 Teil konzentrierter Salpetersäure und 3 Teilen konzentrierter Salzsäure.

13.3.2 Phosphorverbindungen

Natriumphosphinat

Formel:	NaH_2PO_2, auch: $NaPH_2O_2$
Weitere Namen:	Natriumhypophosphit
Verwendung:	Phosphorkomponente in Stärkungsmitteln

Stärkungsmittel werden auch als Tonika oder Roborantien bezeichnet.

■ **CAVE** Beim Verreiben mit reduzierbaren Substanzen (Chlorate, Nitrate) besteht Explosionsgefahr!

Calciumphosphinat

Formel:	$Ca(H_2PO_2)_2$
Weitere Namen:	Calciumhypophosphit
Verwendung:	Phosphorkomponente in Tonika
Wissenswertes:	Dosierung: 0,2 bis 0,6 g, subcutan 0,1 g

Phosphinate sind inkompatibel mit Oxidationsmitteln und Eisen(III)ammoniumcitrat.

Natriummonohydrogenphosphat

Formel:	Na_2HPO_4
Weitere Namen:	Dinatriumhydrogenphosphat
Verwendung:	■ Mildes Laxans
	■ Bei Acidose
	■ Zur Ledergerbung
	■ Zur Herstellung von Pufferlösungen
	■ Für feuersichere Imprägnierungen
Wissenswertes:	Natriummonohydrogenphosphat ist als wasserfreie Substanz, Monohydrat, Heptahydrat und Dodecahydrat offizinell.

Natriumdihydrogenphosphat

Formel:	NaH_2PO_4
Weitere Namen:	Mononatriumhydrogenphosphat
Verwendung:	■ Mildes Laxans
	■ In der Technik zur Wasserenthärtung
	■ Zur Herstellung von Pufferlösungen

Calciumhydrogenphosphat

Formel:	$CaHPO_4$
Verwendung:	Calciumsubstitution
Wissenswertes:	Wird wasserfrei und in Form des Dihydrats als Füllstoff für Tabletten und Kapseln eingesetzt.

Tricalciumphosphat

Formel:	$Ca_3(PO_4)_2$
Weitere Namen:	Calciumphosphat
Verwendung:	Calciumsubstitution
Wissenswertes:	Technisch als Füllstoff für Tabletten und Kapseln

Sauerstoffsäuren des Phosphors

Übersicht der Sauerstoffsäuren des Phosphors:

Name	Formel	Weitere Namen	Wertigkeit
Phosphinsäure	H_3PO_2	Hypophosphorige Säure	1-wertig
Phosphonsäure	H_3PO_3	Phosphorige Säure	2-wertig
Phosphorsäure	H_3PO_4	Orthophosphorsäure	3-wertig

Eigenschaften:
- Phosphonsäure und Phosphinsäure sind starke Reduktionsmittel.
- Phosphorsäure
    - farblose Kristalle, leicht löslich in Wasser
    - dreibasige, mittelstarke Säure

Verwendung von Phosphorsäure:
- Herstellung von Düngemitteln
- Zusatz zu erfrischenden Limonaden
- Zur Stabilisierung verd. H_2O_2-Lösungen
- Zur Herstellung von Phosphaten zur Wasserenthärtung (▸ Kap. 14.1.1)

13.3.3 Bismutverbindungen

Schweres basisches Bismutnitrat

Formel:	$4[BiNO_3(OH)_2]$, $BiO(OH)$
Verwendung:	

- Äußerlich als Adstringens zur Wundbehandlung
- In Hämorrhoidenpräparaten
- Früher bei Gastritis und Ulcus (lokale Anwendung, schwer resorbierbar)

Basisches Bismutgallat

Formel:	$C_6H_2(OH)_3\text{-}COOBi(OH)_2$
Verwendung:	

- Adstringens und Antiseptikum (Rezeptur: NRF 11.112)
- Anwendung äußerlich bei Ekzemen und Verbrennungen
- In Hämorrhoidenpräparaten

13.4 Verbindungen aus der Kohlenstoffgruppe

13.4.1 Kohlenstoffverbindungen

Lithiumcarbonat

Formel:	Li_2CO_3
Verwendung:	Psychopharmakon, das bei manisch-depressiven Erkrankungen eingesetzt wird.
Wissenswertes:	Weitere eingesetzte Lithiumsalze sind Lithiumsulfat und Lithium-hydrogen-DL-aspartat.

Achtung bei Calciumsalzen! Beeinflussung der Vitamin-D-Resorption und Bildung von Calciumkomplexen mit Tetracyclinen ist möglich.

Beide werden dabei zu Phosphorsäure oxidiert.

Phosphate sind Bestandteile von ATP, ADP und NADP und somit wichtig im Energiestoffwechsel der Zellen.

Bismut ist ein Element aus der V. Hauptgruppe, es gehört aber trotzdem zu den Metallen. Seine Oxide bilden Hydroxide, keine Säuren.

Basische Bismutsalze sollten nicht mit sauren Rezepturbestandteilen kombiniert werden. Der rezeptierbare pH-Bereich liegt zwischen 6 und 10.

Lithiumcarbonat ist im Gegensatz zu den anderen Alkalicarbonaten schwerlöslich. In der Flammenprobe zeigt es eine karminrote Flammenfärbung.

13

Soda als Getränk ist kohlen-
säurehaltiges Mineralwasser.

Natriumcarbonat

Formel:	Na_2CO_3
Weitere Namen:	■ Natriumcarbonat, wasserfrei: calciniertes Soda
	■ Natriumcarbonat-Monohydrat
	■ **Natriumcarbonat-Decahydrat: Soda**, Kristallsoda
Verwendung von Soda:	■ Als Badezusatz bei schuppenden Hauterkrankungen
	■ Als Reinigungsmittel, zur Fleckentfernung
	■ In der Seifen-, Waschmittel- und Glasindustrie
Wissenswertes:	Natriumcarbonat ist mit unterschiedlichem Kristallwassergehalt und verschiedenen Namen im Handel.

Natriumhydrogencarbonat

Formel:	$NaHCO_3$
Weitere Namen:	Natron
Verwendung:	■ Als Infusion bei metabolischer Acidose
	■ Für Brausezubereitungen, als Backpulver zusammen mit einer Säure z. B. Weinsäure
	■ Antacidum
	■ Als Kohlenstoffdioxidlaxans in Lecicarbon®
Wissenswertes:	Natron als Antacidum führt durch die Kohlenstoffdioxidentwicklung zu Aufstoßen und Völlegefühl.

Reaktion im Magen:
$$H_2CO_3 \longrightarrow H_2O + CO_2 \uparrow$$

Kaliumcarbonat

Formel:	K_2CO_3
Weitere Namen:	Pottasche
Verwendung:	■ Lebkuchentreibmittel (oft zusammen mit Ammoniumcarbonat)
	■ Zur Seifen-, Waschmittel- und Glasherstellung

Ammoniumcarbonat

Formel:	$(NH_4)_2CO_3$
Weitere Namen:	Hirschhornsalz
Verwendung:	■ Lebkuchentreibmittel (oft zusammen mit Kaliumcarbonat)
	■ Riechsalz zusammen mit Lavendelöl
Wissenswertes:	Der Trivialname stammt von der ursprünglichen Herstellung aus Hirschgeweihen, Knochen und Klauen. Hirschhornsalz war ursprünglich eine Mischung von Ammoniumhydrogencarbonat und Ammoniumcarbamat, sowie z. T. weiteren Salzen.

Calciumcarbonat

Formel:	$CaCO_3$
Weitere Namen:	Kalk (Kalkkreislauf ○ Abb. 13.1)
Verwendung:	■ Calciumsubstitution
	■ Antacidum
	■ Füllmittel
Wissenswertes:	Calciumcarbonat kommt natürlich in Kalkstein, Kreide, Muschelschalen, Marmor, Eierschalen etc. vor.

Kohlenstoffdioxid

Formel: CO_2

Weitere Namen: Kohlendioxid

Verwendung: ■ Löschmittel in Feuerlöschern
                ■ Inhalativ:
                  ■ Zur Anregung der Atemtätigkeit
                  ■ Bei Kohlenstoffmonoxidvergiftung
                  ■ Als Zusatz zu medizinischem Sauerstoff
                ■ Bei endoskopischen Eingriffen zum Einblasen in Körperhöhlen

Wissenswertes: Kohlenstoffdioxid löst sich in Wasser, dabei bildet sich in einer Gleich-
               gewichtsreaktion Kohlensäure.

Formulieren Sie die Gleichung für diese Reaktion die auch abläuft, wenn Sie zu Hause Leitungswasser mit einem Sodasprudler behandeln!

Medizinische Kohle

Formel: C

Weitere Namen: Aktivkohle

Verwendung: ■ Bei Durchfall
                ■ Bei Vergiftungen
                ■ Adsorptionsmittel im Labor

Wissenswertes: Aktivkohle wirkt durch die Anlagerung höhermolekularer Substanzen
               an die Oberfläche. Ein Gramm Aktivkohle hat eine Oberfläche von etwa
               $1000\,m^2$.
               Aktivkohle wirkt nicht bei Vergiftungen mit Säuren oder Laugen.

Dosierung medizinischer Kohle bei Erwachsenen:Bei Durchfall: 1,5 g bis 4 g täglich Bei Vergiftung: 0,5 g bis 1 g je Kilogramm Körpergewicht

13.4.2 Siliciumverbindungen

Siliciumdioxid, hochdisperses

Formel: SiO_2 oder besser $(SiO_2)_x$

Weitere Namen: Aerosil®

Verwendung: ■ Fließregulierungsmittel für Kapsel- und Tablettenmischungen
                ■ Verbesserung der Stabilität und der Aufschüttelbarkeit von Suspen-
                  sionen
                ■ Trockenmittel für hygroskopische Pulver
                ■ „Sprengmittel" für feste Arzneiformen

Wissenswertes: 1 g hochdisperses Siliciumdioxid hat eine Oberfläche von etwa $200\,m^2$.
               Die Schüttdichte beträgt ungefähr 2,2 g/l.

Die Formel SiO_2 gilt im Prinzip auch für Quarz, den Hauptbestandteil von Sand.

13.5 Sonstige Verbindungen

Cisplatin

Formel: $PtCl_2(NH_3)_2$

Weitere Namen: *cis*-Diammindichloroplatin(II)

Verwendung: Zytostatikum

Wissenswertes: ■ Die Substanz führt dosisabhängig zu Nierenschädigungen.
               ■ Strukturverwandt ist Carboplatin, das statt der Chlorteilchen einen
                 organischen Rest trägt.

13

Eisen(III)-Hexacyanoferrat(II)

Formel: $Fe_4[Fe(CN)_6]_3$

Weitere Namen: Eisen(III)-hexacyanidoferrat(-4)

Verwendung: ■ Antidot bei Thalliumvergiftung

               ■ Verhinderung der Resorption von Radiocäsium

Kaliumpermanganat

▶ Kap. 8.4.1 Oxidierend wirkende Bleich- und Desinfektionsmittel

Kaliumchromat und Kaliumdichromat

Formeln: K_2CrO_4 Kaliumchromat, gelb

               $K_2Cr_2O_7$ Kaliumdichromat, orange

Verwendung: ■ Als Reagenz und für quantitative Bestimmungen

               ■ Als Gerbstoffe

Wissenswertes: Die Verbindungen sind krebserregend, deshalb möglichst kein chromgegerbtes Leder/Lammfell für Babies und Dekubituspatienten verwenden

Kalium-hexacyanoferrat(II)

Formel: $K_4[Fe(CN)_6]$

Weitere Namen: Gelbes Blutlaugensalz

               Kaliumferrocyanid, Kalii ferrocyanidum

Verwendung: Nachweisreagenz für Fe^{3+}

Kalium-hexacyanoferrat(III)

Formel: $K_3[Fe(CN)_6]$

Weitere Namen: Rotes Blutlaugensalz

               Kaliumferricyanid, Kalii ferricyanidum

Verwendung: Nachweisreagenz für Fe^{2+}

Aufgaben zu Kapitel 13

1. Erstellen Sie eine Tabelle mit den Namen, Formeln, Trivialnamen und Verwendungen wichtiger Substanzen.
2. Phosphorsäure lässt sich durch die Zugabe von Schwefelsäure zu Natriumphosphat herstellen.
   a) Formulieren Sie die Reaktionsgleichung.

   b) Warum lässt sich Phosphonsäure so nicht aus Natriumphosphonat herstellen?

   c) Welche Säure könnte man statt Schwefelsäure verwenden?

3. Welche Substanz würde sich als Antidot bei versehentlichem Verschlucken eines Bariumsalzes eignen, wenn nur lösliche Bariumsalze giftig sind?

14 Wasser

Wasser ist wahrscheinlich die am häufigsten verwendete Substanz in der Apotheke. Auch unser Leben ist ohne Wasser nicht möglich, schließlich besteht schon unser Körper zu einem Großteil aus Wasser. Wir benötigen Wasser zum Trinken, zum Waschen und für viele andere Dinge.

Ausgangsstoff für die verschiedenen im Arzneibuch aufgeführten Wassertypen ist **Trinkwasser.** Dieses unterliegt gesetzlichen Vorschriften und muss frei von Krankheitserregern sein. Der Gehalt an chemischen Stoffen darf bestimmte Höchstmengen nicht überschreiten. Je nach seiner Herkunft hat Trinkwasser eine unterschiedliche Wasserhärte, die von verschiedenen gelösten Salzen herrührt.

Die **Wasserhärte** und weitere Angaben zur Qualität des Trinkwassers müssen dem Verbraucher vom Wasserversorger zur Verfügung gestellt werden (◻ Tab. 14.1).

◻ **Tab. 14.1** Wasserwerte für zwei Entnahmestellen im Landkreis Fürth im Jahr 2017. (Quelle: www.oberasbach.de/aktuelles/detail/haertegrad-und-trinkwasserbeschaffenheit-im-bereich-der-stadt-oberasbach-1152.html)

	Trinkwasser Entnahmestelle 1	Trinkwasser Entnahmestelle 2	Grenzwerte nach der TrinkwV 2011
Gesamthärte	14,2 °dH	11,8 °dH	
Härtebereich	III = hart	II = mittel	
Calciumcarbonat	2,35 mmol/l	2,10 mmol/l	
Säurekapazität bis pH 4,3	4,63 mmol/l	3,98 mmol/l	
Calcium	75 mg/l	61 mg/l	
Magnesium	16 mg/l	14 mg/l	
Natrium	10 mg/l	7,5 mg/l	200 mg/l
Kalium	1,7 mg/l	2,2 mg/l	
Sulfat	22 mg/l	19 mg/l	250 mg/l
Nitrat	6,5 mg/l	6,0 mg/l	50 mg/l
Fluorid	0,08 mg/l	0,11 mg/l	1,5 mg/l

14

Auf Waschmittelpackungen ist meist eine Grobeinteilung in weich (< 8,4 °dH), mittel (8,4 bis 14,0 °dH) und hart (> 14,0 °dH) angegeben.

Kesselstein besteht aus Calciumcarbonat und Magnesiumcarbonat.

Die härtebildenden Ionen können die Resorption von Arzneistoffen stören.

Die Phosphatniederschläge lassen sich relativ leicht mit Wasser wegspülen.

Die Wasserhärte ist in °dH („Grad deutscher Härte") angegeben. Hierbei handelt es sich um eine gebräuchliche Einheit, die auch auf Waschmittelpackungen zu finden ist. Eigentlich sollte die Härte aber in mmol/l angegeben werden.

Die Wasserhärte setzt sich zusammen aus der:

- **Carbonathärte** (auch: temporäre Härte), die durch Calcium- und Magnesiumhydrogencarbonat hervorgerufen wird. Sie verschwindet beim Kochen aus dem Wasser und fällt als „Kesselstein" aus.
- **Nichtcarbonathärte** (auch: permanente Härte), die durch andere gelöste Calcium- und Magnesiumsalze hervorgerufen wird. Sie wird beim Erhitzen nicht entfernt.

Carbonathärte und Nichtcarbonathärte ergeben zusammen die **Gesamthärte**. 1 °dH entspricht umgerechnet 10 mg CaO pro Liter Wasser.

Aus physiologischer Sicht ist eine gewisse Wasserhärte wünschenswert, um dem Körper Mineralstoffe zu zuführen. Allerdings verursacht die Wasserhärte immer Probleme, wenn die Salze auskristallisieren (Badezimmer, Waschmaschine, Wasserkocher, …), wenn die enthaltenen Ionen bei Nachweisreaktionen stören oder Interaktionen mit Arzneistoffen eingehen.

Um Wasser in technisch und pharmazeutisch verwendbarer Qualität zu erhalten, kann das Wasser enthärtet werden, wodurch störende Calcium- und Magnesiumionen entfernt werden.

14.1 Methoden der Wasserenthärtung

14.1.1 Phosphatzusatz

Diese Methode wurde häufig in Wasch- und Reinigungsmitteln gewählt.

Erdalkaliionen bilden Phosphatniederschläge. Streng genommen handelt es sich also gar nicht um eine Enthärtung im engeren Sinn, da die Erdalkaliionen nicht entfernt werden. So wird jedoch verhindert, dass sich Kesselstein bildet oder Seifen mit diesen Ionen nicht mehr waschwirksame Kalkseifen bilden.

Ein großer **Nachteil** der Phosphate ist ihr Beitrag zur Überdüngung der Gewässer, da sie in Kläranlagen schlecht entfernt werden. Daher wurde die Verwendung von Phosphaten in Wasch- und Reinigungsmitteln durch die Phosphathöchstmengenverordnung weitgehend unterbunden.

14.1.2 Permutite

Permutite sind der gängigste Phosphatersatz in Waschmitteln. Dabei handelt es sich um Silicatverbindungen, die käfigförmige Kristalle bilden, in deren Hohlräumen die zweiwertigen Kationen eingelagert werden, wodurch sie nicht mehr in der Lösung reagieren können.

Im Gegensatz zu den Phosphaten düngen sie Gewässer nicht.

Nachteil ist allerdings, dass sie auf dunklen Stoffen als weiße Flecken zurück bleiben können.

14.1.3 Ionentauscher

Hierbei wird Trinkwasser an einem Kunststoffharz vorbeigeleitet. Das Harz enthält locker gebundene Protonen und Hydroxidionen. Diese werden freigesetzt und bilden Wasser, dafür werden die Kationen und Anionen des Trinkwassers an das Harz gebunden. Am Ende des Ionentauschers ist also nur noch H_2O ohne Salze vorhanden.

Reaktionsschema:

Kationenaustauscher: $Harz{\sim}H^+ + Na^+ \longrightarrow Harz{\sim}Na^+ + H^+$

Anionenaustauscher: $Harz{\sim}OH^- + Cl^- \longrightarrow Harz{\sim}Cl^- + OH^-$

$H^+ + OH^- \longrightarrow H_2O$

Nachteile von Ionentauschern sind, dass ungeladene Teilchen, Pyrogene und Bakterien nicht entfernt werden und ihre starke Neigung zur Verkeimung, besonders wenn sie nur unregelmäßig verwendet werden.

14.1.4 Umkehrosmose

Hierbei wird Wasser mithilfe von Druck durch eine semipermeable Membran gepresst (o Abb. 14.1). Wassermoleküle können die Membran passieren, größere Ionen werden zurückgehalten.

Nachteil dieser Methode ist, dass Teilchen umso schlechter zurückgehalten werden, je kleiner sie sind und je geringer ihre Ladung ist. Die härtebildenden Ionen lassen sich relativ gut entfernen, aber kleine Moleküle wie Kohlenstoffdioxid passieren die Membran praktisch ungehindert.

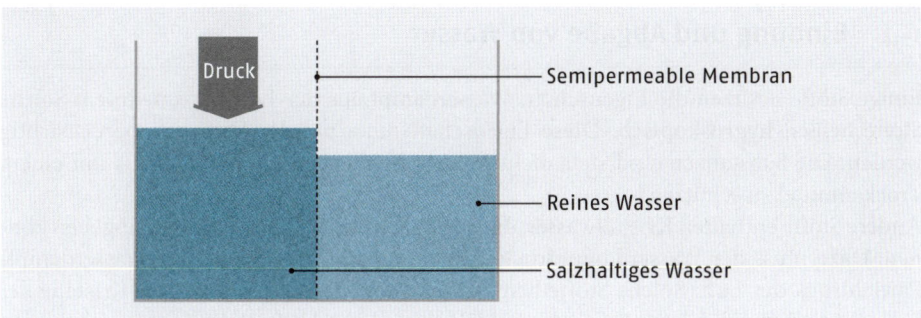

o **Abb. 14.1** Schema der Umkehrosmose

14.1.5 Destillation

Bei der Destillation (o Abb. 14.2) wird die Flüssigkeit erhitzt, bis das Lösungsmittel (hier: Wasser) verdampft. Der Wasserdampf kühlt dann wieder ab und wird in einem zweiten Gefäß aufgefangen.

Vorteil ist hier, dass nicht nur die Salze, sondern auch Bakterien, Pyrogene und gelöste Gase abgetrennt werden.

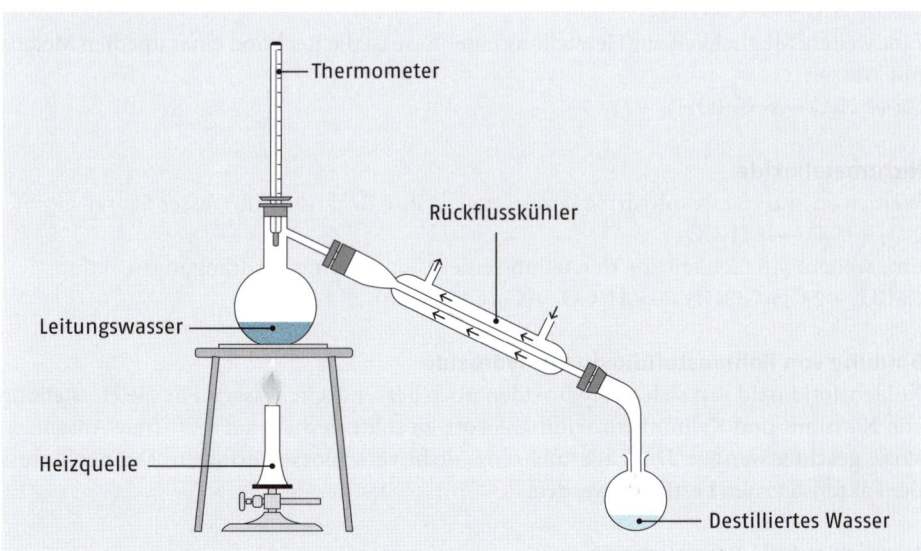

o **Abb. 14.2** Schematischer Aufbau einer Destillation

14

14.1.6 Wasserqualitäten des Arzneibuchs

Wasserqualitäten des Arzneibuchs (Auszug):

Bezeichnung	Herstellung durch
Gereinigtes Wasser Aqua purificata	Ionentauscher, Umkehrosmose oder Destillation aus Trinkwasser
Wasser für Injektionszwecke Aqua ad iniectabilia	Destillation aus Trinkwasser oder gereinigtem Wasser
Hochgereinigtes Wasser Aqua valde purificata	Doppel-Umkehrosmose mit anschließender Ultrafiltration und Entionisierung

14.2 Bindung und Abgabe von Wasser

Einige Stoffe besitzen die Eigenschaft, Wasserdampf aus der Luft aufzunehmen. Solche Stoffe heißen **hygroskopisch**. Diese Eigenschaft muss bei der Lagerung berücksichtig werden. Die Substanzen sind stets dicht zu verschließen und gegebenenfalls mit einem Trockenmittel zu schützen.

Andere Stoffe enthalten Kristallwasser, das sie unter Umständen an die Luft abgeben können. Dazu muss der Wasserdampfdruck der Substanz höher sein als der Wasserdampf-Partialdruck der Luft. Solche Stoffe heißen **verwitternd**. Meist werden die Kristalle der Substanzen dadurch härter. Beispiele sind Glaubersalz und Bittersalz.

14.2.1 Reaktionen mit Wasser

Sehr viele Reaktionen finden mit oder in Wasser statt. Beispielhaft werden hier die Reaktionen von Metalloxiden und Nichtmetalloxiden mit Wasser herausgegriffen.

Metalloxide

Werden auch als Basenanhydride bezeichnet, da sie aus ihnen Basen hergestellt werden können. Dazu müssen wasserlösliche Metalloxide nur in Wasser gegeben werden:

$$CaO + H_2O \longrightarrow Ca(OH)_2$$

Eine weitere Möglichkeit zur Herstellung einer Base ist die Reaktion eines unedlen Metalls mit Wasser:

$$Ca + 2\,H_2O \longrightarrow Ca(OH)_2 + H_2$$

Nichtmetalloxide

Werden auch als Säureanhydride bezeichnet, da ihre Reaktion mit Wasser Säuren ergibt:

$$CO_2 + H_2O \longrightarrow H_2CO_3$$

Eine weitere Möglichkeit zur Herstellung einer Säure ist eine Verdrängungsreaktion:

$$CaCO_3 + 2\,CH_3COOH \longrightarrow H_2CO_3 + Ca(CH_3COO)_2$$

Bindung von Kohlenstoffdioxid an Hydroxide

Kohlenstoffdioxid löst sich in Hydroxiden noch besser als in Wasser. Für die Herstellung von Natrium- und Kaliumhydroxidmaßlösungen sollte deshalb auf CO_2-freie Ausgangsstoffe geachtet werden. Die Lagerung muss dicht verschlossen erfolgen. Dennoch muss der Faktor stets neu bestimmt werden.

Ausblick auf die Organische Chemie

- Eine Reaktion, bei der Wasser eine Verbindung spaltet heißt Hydrolyse.
  $$AB + H_2O \longrightarrow A\text{-}H + B\text{-}OH$$
- Eine Reaktion, bei der sich zwei Stoffe unter Wasserabspaltung verbinden heißt Kondensation.
  $$A\text{-}H + B\text{-}OH \longrightarrow AB + H_2O$$

Bei den verschiedenen Wasserqualitäten bestehen unterschiedliche Anforderungen an die mikrobielle Qualität.

Finden Sie Beispiele für hygroskopische Stoffe aus der Apotheke/Galenik!

Alkalihydroxide sind keine Urtitersubstanzen.

Aufgaben zu Kapitel 14

1. Informieren Sie sich über die Wasserhärte an Ihrem Wohnort.

2. In ▢ Tab. 14.1 ist ein Gehalt an Calciumcarbonat von 2,35 mmol/l angeben. mmol bedeutet Millimol, also 1/1000 Mol. Wie viel mg Calciumcarbonat sind das in einem Liter Wasser?

3. Überlegen Sie, wie man feststellen kann, ob ein Ionenaustauscher funktioniert. Recherchieren Sie im Internet, ob Ihre Vermutung richtig war.

4. Was geschieht mit einem Ionentauscher, der nicht mehr richtig arbeitet?

5. Formulieren Sie die Reaktionsgleichungen für die Herstellung von Kalilauge aus:

   ▪ Kaliumoxid

   ▪ Kaliummetall

6. Wie ändert sich der pH-Wert einer Natriumhydroxidlösung, wenn sie Kohlenstoffdioxid aus der Luft aufnimmt? Formulieren Sie auch eine Reaktionsgleichung.

14

15 Lösungen – Lipophile und hydrophile Stoffe

Vergleichen und wiederholen Sie hierzu ▸ Kap. 4.

15.1 Begriffe und Grundlagen

Sehr viele Stoffe lösen sich in Flüssigkeiten ohne chemische Reaktion: Es entstehen Lösungen. Ist in einer Lösung der aufgelöste Stoff so weit verteilt, dass von ihm nur noch Einzelteilchen (Atome, Ionen, Moleküle) in der als Lösungsmittel dienenden Flüssigkeit vorliegen, handelt es sich um **echte Lösungen**.

Sind vom gelösten Stoff noch etwas größere Verbände erhalten, so entsteht eine **kolloidale Lösung**. Weder echte noch kolloidale Lösungen können durch normale Filtration getrennt werden.

Die in einer Lösung überwiegend vorhandene Komponente bezeichnet man als **Lösungsmittel**. Das häufigste verwendete Lösungsmittel ist Wasser. Prinzipiell können aber alle flüssigen Stoffe als Lösungsmittel dienen.

Die **gelösten Stoffe** können Feststoffe, Gase oder ebenfalls Flüssigkeiten sein.

Wie wir schon früher festgestellt haben, gibt es polare und unpolare Moleküle. Als Grundregel für die Entstehung einer echten Lösung gilt: „Gleiches löst sind in Gleichem." Das heißt:

- Polare Teilchen und Ionen lösen sich gut in polaren Lösungsmitteln,
- Unpolare Teilchen lösen sich gut in unpolaren Lösungsmitteln.

Beispiele:

Polare Lösungsmittel	Unpolare Lösungsmittel
Wasser	Benzin
Essigsäure	Tetrachlormethan
Ethanol	Paraffin
Aceton	Toluol

Wasser ist ein polares Teilchen und löst ebenfalls polare Teilchen gut. Diese werden deshalb auch als hydrophil (= wasserliebend) bezeichnet.

Unpolare Teilchen sind dagegen lipophil, also fettliebend.

Beispiele:

Hydrophile Stoffe	Lipophile Stoffe
Zucker	Vaseline
Natriumchlorid	Butter
Amoxicillin-Natrium	Amoxicillin
Morphin-Hydrochlorid	Morphin

Echte Lösungen sind klar.

Kolloidale Lösungen sind teilweise trüb und streuen Licht (Tyndall-Effekt). Die Größe der gelösten Teilchen liegt im Nanometerbereich.

Entscheidend für den Zusammenhalt von Teilchen und damit auch für den Zusammenhalt zwischen gelöstem Stoff und Lösungsmittel sind die **intermolekularen Kräfte**, also die Kräfte zwischen verschiedenen Teilchen.

Bisher hatten wir nur die **intramolekularen Kräfte** kennengelernt. Diese bewirken, dass sich mehrere Atome zu einem Molekül zusammenschließen. Elektronenpaarbindungen entstehen so. Auch Ionenbindungen, bei denen sich Kationen und Anionen anziehen und Salzkristalle bilden, können zu den intramolekularen Kräften (Der Begriff ist hier nicht schön!) gerechnet werden, stellen aber einen Übergangsbereich zu den intermolekularen Kräften dar.

Ionenbindungen stellen den Übergang zwischen inter- und intramolekularen Kräften dar.

15.2 Intermolekulare Kräfte

Intermolekulare Kräfte wirken zwischen einzelnen Molekülen. Sie können unterschiedlich stark sein und sind vom Aufbau der Moleküle und der Polarität der Bindungen abhängig.

> ■ **MERKE** Je größer die zwischenmolekularen Kräfte sind, desto höher sind die Schmelz- und Siedepunkte der Substanz, denn es ist mehr (Wärme-)Energie nötig, um die Anziehungskräfte zu überwinden.

Man unterscheidet Van-der-Waals-Kräfte, Dipol-Dipol-Wechselwirkungen und Wasserstoffbrückenbindungen.

15.2.1 Van-der-Waals-Kräfte

■ Anziehungskräfte zwischen ungeladenen Atomen und Molekülen.
■ Durch die Bewegung der Elektronen in den Orbitalen kommt es immer wieder zu kurzzeitigen „induzierten Dipolen", das heißt die Ladungen sind nicht gleichmäßig im Atom oder Molekül verteilt. Anziehungskräfte auf Nachbarteilchen entstehen.
■ Je größer ein Molekül ist, desto größer sind auch die Anziehungskräfte auf die Nachbarmoleküle und desto höher sind die Siedepunkte.
■ Zwischen langgestreckten Molekülen wirken größere Van-der-Waals-Kräfte als zwischen kugelförmigen.

= die schwächsten der intermolekularen Kräfte

Beispiel:

Molekül:	F_2	Cl_2	Br_2
Siedepunkt in °C:	–188	–35	+59
Molare Masse in g/mol:	38	71	160

Mit zunehmender molarer Masse steigen die Van-der-Waals-Kräfte (● Abb. 15.1) zwischen den einzelnen Molekülen. Es ist mehr Energie nötig, um sie voneinander zu trennen. Daher steigen die Siedepunkte von Fluor über Chlor bis hin zu Brom an.

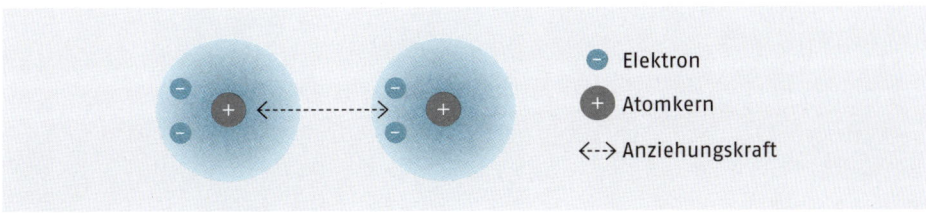

— Elektron
+ Atomkern
‹--› Anziehungskraft

● **Abb. 15.1** Van-der-Waals-Kräfte

15

= stärker als die Van-der-Waals-Kräfte, aber schwächer als die Wasserstoffbrückenbindungen

15.2.2 **Dipol-Dipol-Wechselwirkungen**

- Anziehungskräfte zwischen den positiven und negativen Teilladungen polar gebauter Moleküle (o Abb. 15.2).
- Stärker als die Van-der-Waals-Kräfte.

Beispiel:

$$Sdp(NH_3) \quad = \quad -33\,°C$$
$$Sdp(PH_3) \quad = \quad -88\,°C$$

Ammoniak ist ein Dipol wegen seines pyramidalen Baus und des großen EN-Unterschieds zwischen H und N. Phosphorwasserstoff hat eine geringere EN-Differenz und weist deshalb kaum Dipol-Charakter auf.

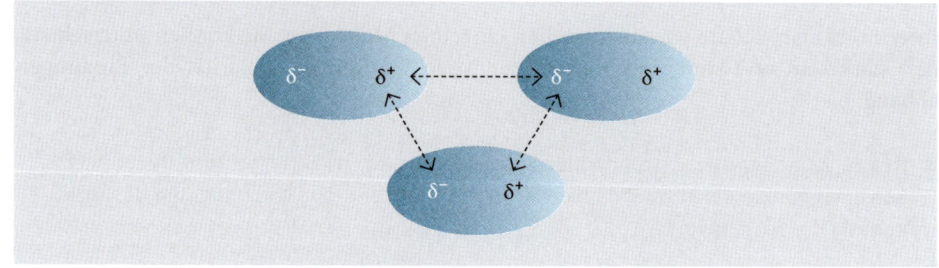

o **Abb. 15.2** Dipol-Dipol-Wechselwirkungen

= die stärksten der intermolekularen Kräfte

15.2.3 **Wasserstoffbrückenbindungen**

- Bindung, die durch die elektrischen Anziehungskräfte zwischen dem negativ polarisierten Nichtmetallatom des einen Moleküls und dem positiv polarisierten Wasserstoff des anderen Moleküls entsteht.
- Ihre Bindungsstärke beträgt ca. 5–10 % einer Ionenbindung.
- Der Wasserstoff muss hierbei an ein stark elektronegatives Nichtmetall gebunden sein. Diese Nichtmetalle können Fluor, Sauerstoff oder Stickstoff sein.

Beispiel:

$$Sdp(HF) \quad = \quad 19,5\,°C$$
$$Sdp(HCl) \quad = \quad -85 \quad °C$$

Fluorwasserstoff kann im Gegensatz zu Chlorwasserstoff Wasserstoffbrückenbindungen (o Abb. 15.3) ausbilden. Deshalb hat HF einen höheren Siedepunkt, obwohl HCl die größere molare Masse hat.

$$\overset{\delta^+}{H}-\overset{\delta^-}{F}\cdots\overset{\delta^+}{H}-\overset{\delta^-}{F}\cdots\overset{\delta^+}{H}-\overset{\delta^-}{F} \qquad \cdots\cdots \text{Wasserstoffbrückenbindungen}$$

o **Abb. 15.3** Wasserstoffbrückenbindungen

15.3 Löslichkeit

In der Chemie und in der Galenik werden sehr häufig Lösungen hergestellt. Dabei ist es wichtig zu wissen, wie gut sich der zu lösende Stoff im Lösungsmittel löst.
Die Löslichkeitsangaben des Arzneibuchs sind grobe Richtwerte für die Praxis, z. B.:

Sehr leicht löslich:	1 g Substanz löslich in	< 1 ml Lösungsmittel
Löslich	1 g Substanz löslich in	10–30 ml Lösungsmittel
Schwer löslich:	1 g Substanz löslich in	100–1 000 ml Lösungsmittel

Die Löslichkeit ist somit abhängig von:
- Art des gelösten Stoffes
- Art des Lösungsmittels
- Temperatur.

Bei den meisten Stoffen nimmt die Löslichkeit mit steigender Temperatur zu. In einer warmen Lösung kann folglich mehr Stoff gelöst werden als in einer kühlen.

> **CAVE** Beim Abkühlen einer Rezeptur kann es zum Auskristallisieren von im Warmen gelösten Wirkstoff kommen.

Ausnahmen bilden:
- Natriumchlorid, dessen Löslichkeit bei steigender Temperatur nahezu konstant bleibt.
- Glaubersalz, dessen Löslichkeit bis 32,28 °C zunimmt und dann wieder sinkt.

Wenn Lösungen hergestellt werden, können **drei** verschiedene Fälle eintreten:
1. **Ungesättigte Lösungen** enthalten weniger gelösten Stoff als der Löslichkeit entspricht. Sie könnten noch weitere Teilchen des gelösten Stoffes aufnehmen, ohne dass sich ein Niederschlag bildet.
2. **Gesättigte Lösungen** enthalten genau so viel gelösten Stoff wie der Löslichkeit entspricht. Kämen noch weitere Teilchen des gelösten Stoffes hinzu, würde ein ungelöster Bodensatz verbleiben.
3. **Übersättigte Lösungen** enthalten mehr gelösten Stoff als der Löslichkeit entspricht. Sie sind nicht stabil und haben die Tendenz, Niederschläge zu bilden.

Übersättigte Lösungen können entstehen, wenn gesättigte Lösungen abkühlen. Es bilden sich dann energiereiche, instabile kleinere Kristallaggregate, die in Lösung bleiben. Allmählich erfolgt dann die Umbildung in die normale, stabile größere Kristallform, wobei die zu viel gelösten Teile ausfallen. Kristallisationskeime erleichtern die Bildung größerer Kristalle. Solche Kristallisationskeime sind kleine Partikel, die zu einer übersättigten Lösung gegeben werden, damit die gelösten Teilchen ausfallen.
Anwendung finden übersättigte Lösungen bei Kristallzuchten für Kinder.

Die Löslichkeit gibt die Menge eines Stoffes in Gramm an, die sich in 100 g eines bestimmten Lösungsmittels bei einer bestimmten Temperatur gerade noch lösen lässt.

Vergleich: Ein Bus, in dem noch Sitzplätze frei sind.

Vergleich: Ein Bus, in dem alle Sitzplätze belegt sind.

Vergleich: Ein Bus, in dem alle Sitzplätze belegt sind und zusätzlich noch Fahrgäste stehen müssen. Die stehenden Fahrgäste entsprechen dem Niederschlag in der Lösung.

15

15.4 Löslichkeitsprodukt

Mit dem Löslichkeitsprodukt erhält man die Möglichkeit, die Löslichkeit eines Salzes zahlenmäßig zu erfassen. Man kann exakt berechnen, ab welcher Ionenmenge sich ein Niederschlag bildet, bzw. ob ein Salz sich in einer bestimmten Menge Lösungsmittel noch löst, auch wenn schon andere Ionen vorhanden sind.

Anwendungen des Löslichkeitsprodukts sind die Reinheitsprüfungen mit Fällungsreaktionen und sogenannte Fällungstitrationen.

Betrachten wir die Gleichung für das Auflösen von Bariumsulfat:

$$BaSO_4 \rightleftharpoons Ba^{2+} + SO_4^{2-}$$

und wenden das Massenwirkungsgesetz darauf an:

$$K = \frac{c(Ba^{2+}) \cdot c(SO_4^{2-})}{c(BaSO_4)}$$

Weil der Bariumsulfat-Niederschlag sich nicht direkt in der Lösung befindet (er „liegt nur am Boden"), betrachtet man seine Konzentration als konstant und macht folgende Vereinfachung:

$$K_L(BaSO_4) = c(Ba^{2+}) \times c(SO_4^{2-}) = 1,5 \times 10^{-9}\ (mol^2/l^2)$$

In Worten: Das Löslichkeitsprodukt von Bariumsulfat ist gleich dem Produkt der Konzentrationen seiner Ionen.

> ■ **MERKE** Unter dem **Löslichkeitsprodukt** eines Salzes versteht man sein maximales Ionenprodukt in einer gesättigten Lösung, also das Produkt aus den Konzentrationen der Kationen und der Anionen.

Es gilt:

Schwerlösliche Salze haben ein kleines Löslichkeitsprodukt.

- ■ Je kleiner das Löslichkeitsprodukt, desto schwerer löslich ist das Salz.
- ■ Ein Salz fällt aus einer Lösung aus, wenn sein Löslichkeitsprodukt überschritten wird.

Schwerlösliche Salze eignen sich besonders gut für Nachweisreaktionen, da nur kleine Mengen der Ionen anwesend sein müssen, um eine positive Reaktion zu erhalten.

Bei allen Fällungsreaktionen ist das Löslichkeitsprodukt eine wichtige Größe. Je niedriger das Löslichkeitsprodukt eines bei einer Reaktion entstandenen Stoffes, umso vollständiger ist seine Ausfällung.

Beispiele:

Salz	Löslichkeitsprodukt K_L
NaCl	38
$CaCO_3$	5×10^{-9}
$BaSO_4$	2×10^{-9}
AgCl	2×10^{-10}
AgBr	5×10^{-13}
AgI	9×10^{-17}

Natriumchlorid ist leicht löslich in Wasser und würde sich deshalb nicht für den Nachweis von Chlorid- oder Natriumionen eignen. Silberchlorid hat ein wesentlich kleineres Löslichkeitsprodukt und fällt deshalb viel leichter als Niederschlag aus.

Aufgaben zu Kapitel 15

1. Warum ist Wasser im Gegensatz zu Schwefelwasserstoff flüssig?

2. Weshalb hat HI einen höheren Siedepunkt als HCl?

3. Wo können übersättigte Lösungen in der pharmazeutischen Praxis zum Problem werden?

4. Erklären Sie mithilfe des Löslichkeitsprodukts, weshalb bei der Reinheitsprüfung auf Sulfat im Arzneibuch Bariumsulfat-Lösung zugegeben wird.

5. Erstellen Sie eine Liste der Fällungsreaktionen Ihres Praktikums. Machen Sie sich auch zu den folgenden Punkten Notizen:
   a) Welches Milieu liegt vor?
   b) Welche Reagenzien wurden zugesetzt
   c) Welches Aussehen hat der Niederschlag?
   d) Wird der Niederschlag noch weiter geprüft?

15

16 Organische Verbindungen

Alle organischen Verbindungen enthalten Kohlenstoff. Kohlenstoff kann besonders gut stabile Atombindungen eingehen. Dadurch entsteht eine große Menge verschiedener organischer Verbindungen. Außer Kohlenstoff kommen in organischen Verbindungen vor allem Wasserstoff, Sauerstoff, Stickstoff und Schwefel vor.

Die einfachsten Vertreter der organischen Chemie sind die Kohlenwasserstoffe.

Durch die vielfältigen Kombinationsmöglichkeiten gibt es Millionen organischer Verbindungen.

Kohlenwasserstoffe haben unpolare Atombindungen.

16.1 Kohlenwasserstoffe

Sie enthalten nur die Elemente Kohlenstoff und Wasserstoff.

Kohlenstoff steht in der vierten Hauptgruppe des PSE und hat eine mittlere Elektronegativität. Er gibt weder besonders leicht Elektronen ab, noch nimmt er sie gerne auf. Wasserstoff hat eine EN, die nur um 0,3 von der des Kohlenstoffs abweicht. Folglich liegen in Kohlenwasserstoffen Atombindungen vor, die annähernd unpolar sind.

Daraus lassen sich allgemeine Eigenschaften der Kohlenwasserstoffe ableiten:

- **Löslichkeit**: Kohlenwasserstoffe lösen sich in unpolaren Lösungsmitteln, sie sind lipophil.
- **Leitfähigkeit**: Kohlenwasserstoffe besitzen keine Ladungen, deshalb leiten sie keinen elektrischen Strom.
- **Flüchtigkeit**: Kohlenwasserstoffe haben relativ niedrige Schmelz- und Siedepunkte, da sie nur über Van-der-Waals-Kräfte zusammengehalten werden.
- **Brennbarkeit**: Kohlenwasserstoffe sind leicht brennbar, da bei ihrer Verbrennung Energie frei wird. Es entstehen Kohlenstoffdioxid und Wasser, also sehr stabile Verbindungen.

16.1.1 Vorkommen

Kohlenwasserstoffe kommen in Erdöl, Erdgas und Schiefergesteinen natürlich vor. Außerdem findet man sie in Pflanzen (Carotin, Kautschuk, …) und als Stoffwechselprodukt von Mikroorganismen (CH_4).

16.1.2 Verwendung

Vor allem die Kohlenwasserstoffe aus Erdöl und Erdgas werden aufgearbeitet (getrennt) und dann direkt verwendet als

- Brennstoffe (z. B. Heizöl, Benzin und andere Kraftstoffe),
- Lösungs- und Reinigungsmittel (Fleckenwasser),
- Schmierstoffe,
- Straßenbelag (Bitumen),

oder weiterverarbeitet zu

- Arzneimitteln (Vaseline, Paraffin, …),
- Lösungsmitteln (Wundbenzin),
- Treibgasen,
- Kunststoffen (Polyethen; Polystyrol) und Kunstfasern usw.

16.1.3 Grobeinteilung der Kohlenwasserstoffe

Aliphatische Verbindungen

- Gesättigte, kettenförmige Kohlenwasserstoffe
  - **Nur** Einfachbindung
  - Acyclisch
  - Verzweigungen sind möglich
- Ungesättigte kettenförmige Kohlenwasserstoffe
  - **Mit** Mehrfachbindung
  - Acyclisch
  - Verzweigungen sind möglich

Alicyclische Verbindungen

- Ringförmige (cyclische) Kohlenwasserstoffe
  - Mehrfachbindungen sind möglich
  - Cyclisch

Aromatische Verbindungen

- Cyclische Verbindungen
- Abwechselnd eine Einfach- und eine Doppelbindung

Heterocyclische Verbindungen

- Ringförmige Verbindungen
- Aliphatisch oder aromatisch
- Zusätzlich zum Kohlenstoff andere Atome im Ring (=Heteroatome), meist Sauerstoff, Stickstoff oder Schwefel
- Es sind demnach keine reinen Kohlenwasserstoffe mehr

16.1.4 Alkane

Bei den Alkanen handelt es sich um aliphatische, gesättigte Kohlenwasserstoffe.

- **Aliphatisch:** Alkane sind kettenförmige Verbindungen.
- **Gesättigt:** Alkane enthalten nur Einfachbindungen.
- **Kohlenwasserstoff:** Alkane bestehen nur aus Kohlenstoff und Wasserstoff.

Für alle Alkane lässt sich eine allgemeine Summenformel und eine homologe Reihe (◘ Tab. 16.1) aufstellen. Mit jedem C-Atom, welches dazu kommt, werden auch zwei H-Atome mehr gebraucht.

Zusätzlich zu den allgemeinen Eigenschaften der Kohlenwasserstoffe sind Alkane sehr **reaktionsträge**. Sie benötigen eine relativ hohe Aktivierungsenergie, um zu reagieren.

- **MERKE** Die Namen enden auf **-an**.
  Allgemeine Summenformel: C_nH_{2n+2}

16

Bei organischen Substanzen ist die Summenformel oft nicht eindeutig.

Eigentlich sollte die Strukturformel den räumlichen Bau der Moleküle wiedergeben, was die Konstitutionsformel nicht leistet.

Bei organischen Verbindungen genügt es häufig nicht, die Summenformel anzugeben, da es mehrere unterschiedliche Verbindungen mit der gleichen Summenformel geben kann. Dieses Phänomen wird als **Isomerie** bezeichnet.

Deshalb wird häufig eine sogenannte **Konstitutionsformel** verwendet. Sie gibt die genaue Verknüpfung der Atome untereinander an. Oft wird die Konstitutionsformel auch als **Strukturformel** bezeichnet.

◘ **Tab. 16.1** Homologe Reihe der Alkane

Summenformel	Name	Konstitutionsformel
CH_4	Methan	
C_2H_6	Ethan	
C_3H_8	Propan	
C_4H_{10}	Butan	
C_5H_{12}	Pentan	
C_6H_{14}	Hexan	
C_7H_{16}	Heptan	
C_8H_{18}	Octan	
C_9H_{20}	Nonan	
$C_{10}H_{22}$	Decan	

Pharmazeutisch relevante Alkane sind:

- Wundbenzin, ein Gemisch aus meist Pentan und Hexan
- Paraffin, ein Gemisch aus Alkanen mit etwa 18 bis 32 Kohlenstoffatomen
- Propan oder Butan werden als Gas für den Bunsenbrenner verwendet

16.1.5 Alkene

Bei den Alkenen handelt es sich um aliphatische, ungesättigte Kohlenwasserstoffe.

- **Aliphatisch:** Alkene sind kettenförmige Verbindungen.
- **Ungesättigt** (hier): Alkene enthalten Doppel- und Einfachbindungen.
- **Kohlenwasserstoff:** Alkene bestehen nur aus Kohlenstoff und Wasserstoff.

Auch für die Alkene lässt sich eine allgemeine Summenformel und eine homologe Reihe (◻ Tab. 16.2) aufstellen.

Alkene sind durch ihre Doppelbindung reaktionsfreudiger als Alkane.

Die allgemeine Summenformel gilt nur für Alkene mit einer einzigen Doppelbindung.

> ■ MERKE Die Namen enden auf **–en**.
> Allgemeine Summenformel: C_nH_{2n}

◻ **Tab. 16.2** Homologe Reihe der Alkene

Summenformel	Name	Konstitutionsformel
C_2H_4	Ethen	H–C=C–H (mit je H an beiden C-Atomen)
C_3H_6	Propen	H–C=C–C–H
C_4H_8	Buten	H–C=C–C–C–H
C_5H_{10}	Penten	H–C=C–C–C–C–H
C_6H_{12}	Hexen	H–C=C–C–C–C–C–H

Für jede Doppelbindung im Molekül entfallen zwei Wasserstoffatome.

Achtung: Es gibt auch Alkene mit mehr als einer Doppelbindung im Molekül. Für sie gilt die allgemeine Summenformel nicht.

Die Anzahl der Doppelbindungen wird dann im Namen vor das „-en" geschrieben.

Beispiel:

H–C=C–C=C–H
C_5H_8
Pentadien

16

16.1.6 Alkine

Bei den Alkinen handelt es sich um aliphatische, ungesättigte Kohlenwasserstoffe.

- **Aliphatisch:** Alkine sind kettenförmige Verbindungen.
- **Ungesättigt** (hier): Alkine enthalten Dreifach- und Einfachbindungen.
- **Kohlenwasserstoff:** Alkine bestehen nur aus Kohlenstoff und Wasserstoff.

Auch für die Alkine lässt sich eine allgemeine Summenformel und eine homologe Reihe (◻ Tab. 16.3) aufstellen.
Alkine sind durch ihre Dreifachbindung noch reaktionsfreudiger als die Alkene.

◻ **Tab. 16.3** Homologe Reihe der Alkine

Summenformel	Name	Strukturformel
C_2H_2	Ethin	$H-C\equiv C-H$
C_3H_4	Propin	$H-C\equiv C-C H_3$
C_4H_6	Butin	$H-C\equiv C-C H_2-C H_3$
C_5H_8	Pentin	$H-C\equiv C-C H_2-C H_2-C H_3$
C_6H_{10}	Hexin	$H-C\equiv C-C H_2-C H_2-C H_2-C H_3$

Die allgemeine Summenformel gilt nur für Alkine mit einer einzigen Dreifachbindung im Molekül.

■ **MERKE** Die Namen enden auf **-in**.
Allgemeine Summenformel: C_nH_{2n-2}

Bei den Alkinen können ähnlich wie bei den Alkenen mehrere Dreifachbindungen im Molekül vorkommen.
Cyclische und aromatische Kohlenwasserstoffe werden in der organischen Chemie näher behandelt.

16.2 Funktionelle Gruppen

Bei allen Kohlenwasserstoffen können Wasserstoffatome durch sogenannte funktionelle Gruppen ersetzt werden. Diese Gruppen bestimmen im Wesentlichen die chemischen Eigenschaften der entsprechenden Verbindungen.
Verbindungen mit gleichen funktionellen Gruppen gehören der gleichen Stoffklasse an.

16.2.1 Hydroxygruppen

Ersetzt eine Hydroxygruppe (–OH) ein Wasserstoffatom eines Kohlenwasserstoffs, so entsteht ein Alkohol.

■ **MERKE** Die Namen enden auf –ol.
Allgemeine Strukturformel: **R–OH**

Beispiel:

Kohlenwasserstoff

$$H-\underset{\underset{H}{|}}{\overset{\overset{H}{|}}{C}}-\underset{\underset{H}{|}}{\overset{\overset{H}{|}}{C}}-\underset{\underset{H}{|}}{\overset{\overset{H}{|}}{C}}-H$$

Propan

Alkohol

$$H-\underset{\underset{H}{|}}{\overset{\overset{H}{|}}{C}}-\underset{\underset{H}{|}}{\overset{\overset{H}{|}}{C}}-\underset{\underset{H}{|}}{\overset{\overset{H}{|}}{C}}-OH$$

Propanol

Allgemein
R–OH
Alkanol
R steht für einen Alkyl**rest**

Die Hydroxygruppe wird manchmal auch Hydroxylgruppe genannt.

■ **CAVE** Achtung Verwechslungsgefahr: Die Hydroxygruppe –OH ist kovalent, also mit einer Atombindung an den Kohlenwasserstoff gebunden. Sie hat keine Ladung. Das Hydroxidion OH⁻ ist ionisch gebunden und einfach negativ geladen.

16.2.2 Carbonylgruppen

$$-\overset{\overset{O}{\|}}{C}-$$

Befindet sich eine Carbonylgruppe im Molekül, so entstehen abhängig von deren Position Aldehyde oder Ketone.

Aldehyde
Allgemeine Strukturformel

$$R-\overset{O}{\underset{H}{C}}$$

■ **MERKE** Die Namen enden auf –al.

Die Carbonylgruppe befindet sich am Rand einer Kohlenstoffkette. Der Carbonylkohlenstoff hat somit nur ein weiteres Kohlenstoffatom als Nachbarn.

Der einfachste Aldehyd ist Formaldehyd oder Methanal.

16

Beispiel:

$$H-\underset{\underset{H}{|}}{\overset{\overset{H}{|}}{C}}-\underset{\underset{H}{|}}{\overset{\overset{H}{|}}{C}}-\overset{\overset{O}{\|}}{C}\diagdown_H$$

Propan**al**

Ketone

Allgemeine Strukturformel

$$\overset{\overset{O}{\|}}{\underset{R^1}{\overset{C}{\diagup}}\diagdown_{R^2}}$$

■ **MERKE** Die Namen enden auf **–on**.

Die Carbonylgruppe befindet sich innerhalb einer Kohlenstoffkette. Der Carbonylkohlenstoff hat somit zwei weitere Kohlenstoffatome als Nachbarn.

Beispiel:

$$\overset{\overset{O}{\|}}{\underset{H_3C}{\overset{C}{\diagup}}\diagdown_{CH_3}}$$

Propan**on**

· Propanon heißt auch Aceton.

16.2.3 Carboxygruppen

Durch die Einführung einer Carboxygruppe (früher: Carboxylgruppe) in ein Molekül entstehen Carbonsäuren.
Allgemeine Strukturformel

$$R-\overset{\overset{O}{\|}}{C}\diagdown_{OH}$$

■ **MERKE** Die Namen enden auf **–säure**.

Carboxygruppen stehen immer am Rand einer Kohlenstoffkette.

Die einfachste Carbonsäure ist Methansäure oder Ameisensäure.

Beispiel:

$$H-\underset{\underset{H}{|}}{\overset{\overset{H}{|}}{C}}-\overset{\overset{\overline{O}\diagdown}{\|}}{C}\diagdown_{|\underline{O}-H}$$

Ethansäure (Essigsäure)

Aufgaben zu Kapitel 16

1. Ordnen Sie die folgenden Substanzen ihren Siedepunkten zu und begründen Sie Ihre Entscheidung:

   a) Pentan, Ethan, Propan, Hexan:

   –88,5 °C _____

   –42 °C _____

   36 °C _____

   69 °C _____

b) Buten, Butan, Propen:

0 °C   _____

−6,6 °C   _____

−47,6 °C   _____

c) Ethan, Essigsäure, Ethanal:

−88,5 °C   _____

118 °C   _____

20,2 °C   _____

2. Welche Art der intermolekularen Bindungen können die funktionellen Gruppen eingehen?

3. Was ist für die Wasserlöslichkeit von Decanol zu erwarten?

4. Was ist für die Wasserlöslichkeit von Propanol zu erwarten?

Quellenverzeichnis

Bücher

ABDA-Datenbank. ABDATA Pharma-Daten-Service. Eschborn 2017

Ammon HPT, Schubert-Zsilavecz, M (Hrsg.). Hunnius Pharmazeutisches Wörterbuch. 11. Aufl., Walter de Gruyter, Berlin 2014

Arnold K et al. Chemie Oberstufe. 1. Aufl., Cornelsen Schulverlage GmbH, Berlin 2013

Auterhoff/Knabe/Höltje. Lehrbuch der Pharmazeutischen Chemie. 14. Aufl., Wissenschaftliche Verlagsgesellschaft Stuttgart, 1999

Blecker J. Chemie für jedermann. Compact Verlag, München 2010

Bracher F et al. Arzneibuch-Kommentar. 49. Akt.lfg., Wissenschaftliche Verlagsgesellschaft Stuttgart, 2016

Deutscher Arzneimittel-Codex®/Neues Rezeptur-Formularium® (DAC/NFR). Ergänzungen zum amtlichen Arzneibuch. Govi-Verlag, Eschborn 2017

Europäisches Arzneibuch. 8. Ausgabe und 1. bis 8. Nachtrag, Deutscher Apotheker Verlag, Stuttgart 2016

Holleman/Wiberg. Anorganische Chemie. 103. Aufl., Walter de Gruyter, Berlin, New York 2017

Jäger Reinhard, Skript für die Städtische BOS Nürnberg

Kemnitz E et al. Duden Basiswissen Schule, Chemie. 4. Aufl., Dudenverlag, Berlin 2015

Martin J. Allgemeine und Pharmazeutische Chemie. 2. Aufl., Wissenschaftliche Verlagsgesellschaft Stuttgart, 2013

Milek I. Das große PTAheute Handbuch. 1. Aufl., Deutscher Apotheker Verlag, Stuttgart 2016

Mutschler E et al. Arzneimittelwirkungen. 10. Aufl., Wissenschaftliche Verlagsgesellschaft Stuttgart, 2013

Neufingerl F. Chemie Teil 1, Allgemeine und Anorganische Chemie. Verlag Jugend & Volk GmbH, Wien 2016

Romer M et al. Arbeitsbuch Chemie für PTA. 3. Aufl., Deutscher Apotheker Verlag, Stuttgart 2014

Romer M et al. Chemie für PTA. 9. Aufl., Deutscher Apotheker Verlag, Stuttgart 2015

Rote Liste. Verlag Rote Liste® Service GmbH, Frankfurt/Main 2017

Schweda E. Jander/Blasius, Anorganischen Chemie, Bd. 2. 17. Aufl., S. Hirzel Verlag, Stuttgart 2016

Seitz, Galvani, Chemie 1 Ausgabe B, Bayerischer Schulbuch Verlag, München 2006

Surrey D. Duden-Schülerhilfen, Chemie 8. bis 10. Klasse. 3. Aufl., Dudenverlag Mannheim, Leipzig, Wien, Zürich 2006

Internet-Links

www.ac2-weber.uni-bayreuth.de/de/download/SkriptKC.pdf, letzter Zugriff am: 24.01.2017

www.cci.ethz.ch/vorlesung/de/InorgNomen.pdf, letzter Zugriff am: 28.02.2017

www.chemieunterricht.de, letzter Zugriff am: 29.06.2017

groups.uni-paderborn.de/cc/lehrveranstaltungen/_aac/vorles/skript/kap_3/eigen.html, letzter Zugriff am: Januar 2017

www.hoffmeister.it/chemie/19-das_chemische_gleichgewicht.pdf, letzter Zugriff am: 18.05.2016

www.lernstunde.de/thema/molekularestoffe/grundwissen.htm, letzter Zugriff am: 09.05.2017

old.iupac.org/publications/books/rbook/Red_Book_2005.pdf, letzter Zugriff am: 10.08.2014

www.periodensystem.info/periodensystem, letzter Zugriff am: 02.03.2017

www.pse.merck.de, nur noch als App!

www.seilnacht.com, letzter Zugriff am: 29.06.2017

www.w-hoelzel.de/chemie, letzter Zugriff am: 29.06.2017

Die Autorin

Claudia Brüchert

1974 geboren, verheiratet, drei Kinder. Studium der Pharmazie von 1994 bis 1998 in Erlangen. Praktisches Jahr in der pharmazeutischen Industrie und in der öffentlichen Apotheke. Seitdem als angestellte Apothekerin in der öffentlichen Apotheke tätig. Zwischenzeitlich dreimonatige Vertretungstätigkeit für die Fächer Biologie und Chemie an einem Gymnasium. Seit 2008 Lehrerin an der Berufsfachschule für PTA in Nürnberg unter anderem für die Fächer Chemie, Gefahrstoffkunde, Fachrechnen und Gerätekunde.

Weniger aufschreiben –
mehr verstehen

Von Susanne Schäferlein.
2. Auflage. XIII, 253 Seiten. 16 Abbildungen.
222 Tabellen. Format 21,0 x 29,7 cm. Kartoniert.
ISBN 978-3-7692-6793-8

Nach Organsystemen gegliedert bespricht das *Arzneimittelkunde Skript* in 21 Kapiteln
die Funktion der verschiedenen Organe, deren Erkrankungen, und womit diese behandelt
werden. Die Kapitel lassen sich ebenso gut in einer anderen Reihenfolge bearbeiten
und eignen sich somit auch für den Unterricht in Lernfeldern.

- Die kompakte Darstellung erlaubt es, die Aufmerksamkeit ganz auf den
  Unterricht zu richten.
- Prägnante Stichworte und eine übersichtliche Gliederung geben
  eine rasche Orientierung.
- Beratungstipps zeigen, wie man den Bogen von der Schultheorie
  in die Apothekenpraxis schlägt.

Ob während der Vorlesung, bei der Nacharbeit zu Hause oder bei der Prüfungsvorbereitung
– das Skript strukturiert den Stoff und garantiert gute Lernerfolge.

Deutscher Apotheker Verlag

www.deutscher-apotheker-verlag.de

Galenisches Wissen –
hoch konzentriert

Von Apothekerin Jutta Wittmann
und Mathias Höhlein.

VIII, 123 Seiten.
Format 21,0 x 29,7 cm.
Kartoniert.
ISBN 978-3-7692-6911-6

In 17 Kapiteln stellen die Autoren die wichtigen Arzneiformen vor, orientiert an den Lehrplänen verschiedener Bundesländer. Die Kapitel lassen sich ebenso gut in anderer Reihenfolge behandeln und eignen sich somit auch für den Unterricht in Lernfeldern.

- Die kompakte Darstellung hilft, die Aufmerksamkeit nicht auf das Mitschreiben, sondern auf den Unterricht zu richten.
- Leerzeilen und Denkfragen regen zur selbstständigen Erarbeitung des Stoffes an
- Randzeilen schaffen Raum für eigene Notizen.

Ob im Unterricht oder bei der Prüfungsvorbereitung – das *Galenik Skript* gliedert den Stoff äußerst übersichtlich und geleitet die Leser sicher über alle Stolpersteine der Galenik.

Deutscher
Apotheker Verlag

www.deutscher-apotheker-verlag.de